新工科建设之路·数据科学与大数据系列

U0150172

云计算导论

庄翔翔　主编

李永亮　魏秀丽　副主编

电子工业出版社
Publishing House of Electronics Industry
北京·BEIJING

内 容 简 介

本书共分为 8 章。第 1 章对云计算进行了概述。第 2 章描述了云计算的关键技术，包括虚拟化技术、数据存储技术、资源管理技术、云计算中的编程模型、集成一体化技术和自动化技术。第 3 章介绍了云计算架构。第 4 章介绍了云安全，包括云基础设施安全、云数据安全、云应用安全、云安全标准和法律法规。第 5 章介绍了云操作系统。第 6 章对 Google 云计算原理与应用进行了介绍，主要包括 Google 文件系统 GFS、分布式数据处理 MapReduce、分布式锁服务 Chubby。第 7 章对云计算的行业应用进行了介绍，主要包括制造云、金融云、健康医疗云和教育云。第 8 章介绍了目前另外两个热门领域：大数据与人工智能，以及云计算和它们之间的关系。

本书可作为高职院校云计算、大数据等专业的教材，也可作为对云计算技术感兴趣的工程技术人员的参考资料。

图书在版编目（CIP）数据

云计算导论 / 庄翔翔主编. — 北京：电子工业出版社，2022.3

ISBN 978-7-121-43041-1

Ⅰ．①云⋯　Ⅱ．①庄⋯　Ⅲ．①云计算 – 高等职业教育 – 教材　Ⅳ．①TP393.027

中国版本图书馆 CIP 数据核字（2022）第 035438 号

责任编辑：孟　宇

印　　刷：三河市华成印务有限公司

装　　订：三河市华成印务有限公司

出版发行：电子工业出版社

　　　　　北京市海淀区万寿路 173 信箱　　邮编：100036

开　　本：787×1092　1/16　印张：11.25　字数：270 千字

版　　次：2022 年 3 月第 1 版

印　　次：2022 年 3 月第 1 次印刷

定　　价：49.80 元

凡所购买电子工业出版社图书有缺损问题，请向购买书店调换。若书店售缺，请与本社发行部联系，联系及邮购电话：(010) 88254888，88258888。

质量投诉请发邮件至 zlts@phei.com.cn，盗版侵权举报请发邮件至 dbqq@phei.com.cn。

本书咨询联系方式：mengyu@phei.com.cn。

前　言

在过去的半个多世纪中，信息技术的不断发展极大地改变了政府和企业的运行模式，也给人们的生活方式带来了巨大的变化。继个人计算机变革、互联网变革之后，云计算被看作第三次IT浪潮，是中国政府"互联网+"战略的重要组成部分。云计算已经给人们的生活、生产方式和商业模式带来了根本性改变，是近年来全社会关注的热点。

很少有一种技术能够像云计算这样，使全球所有的IT行业巨头都同时关注并推动其发展。在2005年Amazon公司推出以S3和EC2为核心的AWS云服务之后，云计算服务受到整个IT产业的重视，人们认识到一种新的IT服务模式已经形成。Google、IBM、微软等IT行业巨头在发现云计算服务市场的巨大潜力之后，分别从不同方面进入云计算市场，提供不同层面的云计算服务，促使云计算服务进入了快速发展的阶段。经过十多年的发展，云计算已经逐渐从快速发展阶段向成熟阶段迈进，云计算服务得到了政府、企业及个人的认可和使用。产业界对云计算不再抱有疑虑和试探的态度，而是越来越务实地接纳它、拥抱它，不断去挖掘云计算蕴藏的巨大价值。

和众多新行业一样，云计算面临着一个重要问题，即人才问题。云计算行业的就业机会增长迅速，2015年，全球最知名职业人士社交网站LinkedIn公布的最受雇主喜欢同时炙手可热的技能中，"云计算"排名第一，"数据分析"位列第二。云计算和大数据人才的稀缺也同样体现在国内。据IDC报告，中国和印度在2015年产生了670万个云计算就业机会，同时，在公有云和私有云IT服务领域将创造1380万个就业机会。IDC预测，超过一半的人才需求将来自500人以下的中小企业。随着云计算进入成熟阶段，云计算服务的普及率会越来越高，人才需求将呈现空前增长态势，尤其是对优质产业人才的需求。

云计算产业人才需求数量迅猛增长的主要原因有三个：一是云计算产业市场规模快速增长，使得云计算产业人才的需求数量不断增加；二是相关云计算企业加大了对核心技术的投入，提高了对客户端的服务，因此无论是技术层面，还是运营、集成与服务提供层面，都对高精尖人才有着巨大的需求；三是随着云计算新市场、新业务、新应用的不断出现，国内外各大知名软件企业加速占据国内云计算产业高地，在全国加速建立分公司和研发中心。

作为云计算技术的入门教材，本书将对云计算技术的起源、系统架构、核心技术、使用模式、部署模式、发展现状进行深入浅出的全面介绍，使读者清晰地了解云计算的整体概念和应用前景，以及在后续课程中所需要学习的技术。实践是掌握知识的最佳途径。本书不但把介绍云计算知识与描述国际知名云计算平台的具体实践相结合，并且为读者提供了实际使用各类云平台的实践环境，从而使读者可以通过实践加深对云计算知识的了解和认知。

编　者

2021年12月

目　　录

第1章

云计算概述

云计算（Cloud Computing）是一种新兴的共享基础架构的方法，可以将巨大的系统池连接在一起以提供各种 IT 服务。云计算被视为"革命性的计算模型"，因为它通过互联网自由流通使超级计算成为可能。

1.1 云计算的产生背景

云计算已经不知不觉出现在人们身边，人们每天使用的搜索工具 Google、百度、Yahoo!就是一种云计算模式；Web 电子邮件也是一种云计算模式；在淘宝网站、Amazon 网站购买书籍、衣服、化妆品、电子产品等也是在云计算支持的模式下完成的；Google 的在线文档编辑、微软的 Windows Live 在线相片管理、腾讯的 Web QQ 在线应用等，都是通过浏览器访问的，人们再也不需要担心由于计算机硬件发生故障导致资料丢失了，作为用户，不需要下载或安装任何软件，只需要一个浏览器就足够了。上述这些足以说明，云计算已经进入人们的生活、学习、工作中，人们的生活方式正在悄无声息地改变。

1.1.1 云计算的由来

云计算的出现并不是偶然的，早在 20 世纪 60 年代，就有人提出把计算能力作为一种像水、电和天然气一样的公用资源提供给用户的理念，这也是云计算最早的思想起源。

当前 IT 部门面临着很多挑战，如资源管理无序导致其资源利用率很低等，这也将促进云计算的发展。

1. 当前 IT 面临的挑战

当前 IT 面临的挑战主要包括：越来越多的资源被闲置，闲置率高达 85%，直接导致资源的浪费；IT 的管理和维护成本越来越高，1 元钱中有 0.7 元用于管理和维护，特别是电费成本越来越高，仅有 0.3 元用于增加新容量；在互联网行业和云计算行业的蓬勃发展下，大数据越来越受到人们的关注，信息呈爆炸式增长，使得存储的数据量每年以 54%的速度增加，如何存储这些大数据是迫切需要解决的问题；消费品和零售业每年因为供应链的问题直接导致 3.5%的营业率丧失；33%的消费者因为企业的信息安全问题终止与该企业的联系等。这些都是目前 IT 发展所面临的问题。因此，应该换一种方式来思考基础架构的问题了。当前 IT 面临的挑战如图 1-1 所示。

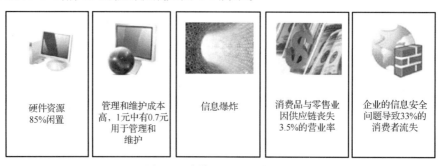

| 硬件资源 85%闲置 | 管理和维护成本高，1元中有0.7元用于管理和维护 | 信息爆炸 | 消费品与零售业因供应链丧失3.5%的营业率 | 企业的信息安全问题导致33%的消费者流失 |

图 1-1　当前 IT 面临的挑战

2．当前企业级数据中心面临的挑战

当前企业级数据中心面临的挑战主要包括：企业级数据中心体系庞大、结构复杂，系统的维护和管理难度大；IT 成本高，资源占用多，负载均衡能力差，表现特别突出的是配置资源按谷峰值的方式进行，这将直接导致资源的浪费；系统的稳定性、可靠性比较差，以人工服务为主，不能动态地进行资源配置，导致高成本、低满意度；IT 的传统部署模式不能满足现在多种多样的业务部署需求，部署的速度慢，据统计，在传统的 IT 模式下部署一个新的业务需要两个月，这个效率是不能满足企业需求的。当前企业级数据中心的模式如图 1-2 所示。

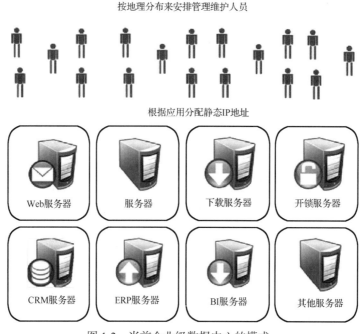

图 1-2　当前企业级数据中心的模式

3．云计算的起源

2007 年，Google 公司首次提出了云计算理念。同年 10 月，Google 公司与 IBM 公司开始和美国大学校园（包括麻省理工学院、斯坦福大学等）一起研发推出了云计算计划。这项计划的目的是降低分布式计算的研发成本，Google 公司和 IBM 公司为这项计划提供了软硬件设备和技术支持。2008 年，Google 公司宣布在中国台湾启动"云计算学术计划"，将云计算技术推向校园。

紧接着，IBM 公司推出了"蓝云计划"，将云计算这个概念成功推向了市场。2008 年 2 月，IBM 公司在中国无锡为中国的软件公司创建了第一个云计算中心（Cloud Computing Center）。2008 年 7 月，Yahoo!、惠普、英特尔联合推出了"云计算研究测试联合研究计划"，计划与合作伙伴创建 6 个数据中心作为云计算的研究试验平台，每个数据中心将配置 1400～4000 个处理器，这进一步推动了云计算的发展。之后的几年，云计算受到了众多企业的关注，Amazon、微软等众多 IT 行业巨头加入了研发云计算的大军，云计算迎来了发展的起飞阶段。

1.1.2 大数据与云计算

从 20 世纪 70 年代第一台 PC 诞生到现在只有短短几十年的时间，但云计算的普及程度和对人类社会的影响早已超出预期。互联网的发展进一步加剧了云计算的普及，并推动了智能手机等移动终端的发展。互联网和大量的终端设备已成为社会生产和生活中不可或缺的工具，带来了技术和社会结构的变革。

让我们先来看看有关 PC、移动终端、上网用户、连网服务器、网站、域名等的一组统计数据。市场调研机构 Gartner 的研究报告称，全球使用的 PC 数量 2008 年已经突破了 10 亿台大关，2014 年全球使用的 PC 数量达 20 亿台。中国互联网络信息中心（CNNIC）发布的《第 32 次中国互联网络发展状况统计报告》显示，截至 2013 年 6 月底，我国互联网普及率为 44.1%，网民数量达到 5.91 亿人，其中手机网民达到 4.64 亿人。上面的数据很震撼，并且还在不断增加，人类社会已经不能没有计算机、没有互联网了。

计算机硬件成本和连网成本的降低是上述发展的主要原因。摩尔定律指出，集成电路芯片上所集成的晶体管的数目每隔 18 个月就翻一番，同时性能提升一倍。计算机从诞生起发展至今，计算机核心硬件设备的能力，不管是处理器的速度、网络带宽还是磁盘存储量，始终以指数级的速度在发展。随着以太网交换机、光通信网络、3G 和 4G 网络及无线传输网络（Wireless Fidelity，WiFi）的大规模建设和使用，连网的带宽成本也已经非常低廉，通过互联网访问各类资源的用户需求日益增加。

随着计算机、移动终端、互联网的普及，人们通过连网计算机和移动终端能够做的事情越来越多。越来越多的人通过计算机处理数据、进行网络交易、开展企业管理业务等，其规模已今非昔比。图灵奖获得者杰姆·格雷（Jim Gray）曾提出著名的"新摩尔定律"：每 18 个月全球新增信息量是计算机有史以来全部信息量的总和。2013 年 11 月 11 日当天，淘宝"双十一"销售活动总交易额达 350.19 亿元，相当于 9 月中国社会零售总额的一半。支付宝成功支付 1.88 亿笔，其中无线支付达 4518 万笔，最高每分钟支付 79 万笔。Salesforce 交易量［该公司数据库调用应用编程接口（API）的次数］在 2004—2007 年的 3 年里已从 5 亿次/季度蹿升到 54 亿次/季度。

时至今日，所积累的数据量之大，已经无法用传统的方法处理，大数据备受瞩目。全球数据总量如图 1-3 所示。

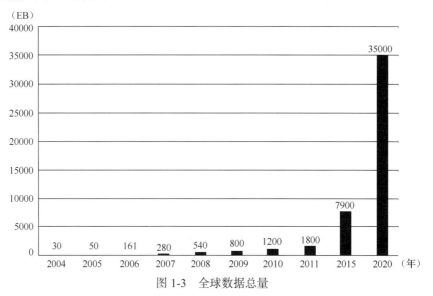

图 1-3　全球数据总量

为什么全球数据量增长如此之快？一方面是因为数据产生的方式已经改变。历史上，数据基本是手工产生的。随着人类步入信息社会，数据产生越来越自动化，比如在精细农业中，需要采集植物生长环境的温度、湿度、病虫害信息，对植物的生长进行精细的控制。因此，我们在植物的生长环境中安装各种各样的传感器，自动地收集我们需要的信息。对环境的感知，是一种抽样的手段，抽样密度越高，越贴近真实情况。如今，人类不再满足于得到部分信息，而是倾向于收集对象的全部信息，即将我们周围的一切数据化。因为有些数据如果丢失了哪怕很小一部分，都有可能得出错误的结论，比如通过分析人的基因组判断某人可能患有某种疾病，即使丢失一小块基因片段，都有可能导致结论错误。为了达到这个目的，传感器的使用量暴增。到 2030 年全球传感器数量将突破 100 万亿个。这些传感器 24 小时都在产生数据，这就导致了信息的爆炸式增长。另一方面是因为人类的活动越来越依赖数据。一是人类的日常生活已经与数据密不可分。全球已经有大约 30 亿人连入互联网。在 Web 2.0 时代，每个人不仅是信息的接收者，也是信息的产生者，每个人都是数据源，每个人都在用智能终端拍照、拍录像、发微博、发微信等。全球每天会有 2.88 万小时视频上传到 Youtube，会有 5000 万条信息上传到 Twitter，会在 Amazon 产生 630 万笔订单，等等。二是科学研究进入了"数据科学"时代。例如，在物理学领域，欧洲粒子物理研究所的大型强子对撞机每秒产生的原始数据量高达 40TB。在天文学领域，2000 年斯隆数字巡天项目启动时，位于墨西哥州的望远镜在短短几周内收集到的数据比天文学历史上的总和数据还要多。三是各行各业越来越依赖大数据手段来开展工作。例如，石油部门用地震勘探的方法探测地质构造、寻找石油，其中使用了大量传感器采集地震波形数据。高铁要保障运行安全，需要在每一段铁轨周边大量部署传感器，从而感知异物、滑坡、水淹、变形、地震等异常。在智慧城市建设中，包括平安城市、智能交通、智慧环保和智能家居等，都会产生大量的数据。目前一个普通城市的摄像头有几十万个之多，每分每秒都在产生海量的数据。

大规模的交易和数据处理要求越来越高的计算能力和存储能力。获取更高计算能力和存储能力的一种途径是使用高性能服务器；另一种途径是将多个独立的普通服务器通过交换机互连起来，构成一个组，并以单一系统的模式加以管理，这称为集群，集群就像一个独立的服务器一样与客户交互。如今，采用低端服务器作为基本单元构建集群来获取更高的计算能力和存储能力已经成为主流的选择。这有着多方面的原因，其中最主要的原因是，相比以往应用在高性能计算领域的高端服务器，低端服务器具有明显的性价比优势。

在这种背景下，越来越多的机构或组织使用低端服务器作为基本单元构建集群。随着服务器成本的进一步降低和连网技术的进步，集群的规模从早期的 1000 台左右的物理服务器逐步发展为如今 10 万台甚至更大的规模。随着集群规模的扩大，一些运营大规模集群的机构或组织意识到，得益于规模经济效应（随着规模的扩大，单位生产成本和经营费用都得以降低，从而能够取得一种成本优势），构建和运维更大规模的集群，其提供同样硬件能力的单位性价比将得到更大的提升。此外，若将大规模的集群与众多中小机构和公司共享，将提高集群的资源利用率，从而使单位成本和开销得到进一步降低。而中小单位和机构构建和运维自己的小规模集群，其单位成本和开销也远远高于大规模集群，对于它们来说，一种更经济的选择是租用大规模集群中的硬件资源。

因此，一些有研发实力的机构或组织开始使用大量廉价的普通服务器甚至 PC，而非使用昂贵的单个高性能计算机，在制冷和能源等较为便宜的地方集中起来，以 pay-as-you-go（按使用量付费）的方式提供相关的计算、存储、平台、软件等服务，让更多的客户共享其资源，从而获取更高的资源利用率和单位硬件资源的性价比。这就是云计算的起源。

大数据是需求，云计算是手段。没有大数据，就不需要云计算。没有云计算，就无法处理大数据。

1.2 云计算的定义及特点

云计算（Cloud Computing）的概念是在 2007 年提出来的。随后，云计算技术和产品通过 Google、Amazon、IBM 及微软等 IT 行业巨头得到了快速的发展和大规模的普及。

云计算是一种商业计算模型，它将计算任务分布在大量计算机构成的资源池上，这种资源池称为"云"。云计算使用户能够按需获取存储空间及计算和信息服务。云计算的核心理念是资源池。

"云"是一些可以进行自我维护和管理的虚拟计算资源，这些资源通常是一些大型服务器集群，包括计算服务器、存储服务器和宽带资源。云计算将计算资源集中起来，并通过专门软件，在无须人为参与的情况下，实现自动管理。使用云计算的用户，可以动态申请部分资源，以支持各种应用程序的运转，无须为烦琐的细节而烦恼，能够更加专注于自己的业务，有利于提高效率、降低成本和进行技术创新。

1.2.1　云计算的定义

目前为止，云计算的定义还没有得到统一。这可能是由于云计算不同类别（公有云、私有云、混合云）的特征不同，难以得到标准的定义；也可能是由于看待云计算的角度不同，对其定义会不同。本书引用美国国家标准与技术研究院（NIST）的一种定义："云计算是一种按使用量付费的模式，这种模式提供可用的、便捷的、按需的网络访问，进入可配置的计算资源共享池，这些资源（包括网络、服务器、存储、应用、服务）能够被快速提供，只需投入很少的管理工作或与服务供应商进行很少的交互。"

从云计算技术来看，它也是虚拟化、网格计算、分布式计算、并行计算、效用计算、自主计算、负载均衡等传统计算机和网络技术发展融合的产物。

1．虚拟化

虚拟化是一种资源管理技术，将计算机的各种实体资源（如网络、服务器、存储器等）抽象、转换而呈现出来，打破实体结构间的不可分割的障碍，使用户以比原本组态更好的方式来应用这些资源。在虚拟化技术中，可以同时运行多个操作系统，而且每个操作系统都由多个程序运行，每个操作系统都运行在一个虚拟 CPU 或者虚拟机上。

2．网格计算

网格计算是指分布式计算中两类广泛使用的子类型：一类是在分布式的计算资源支持下，作为服务被提供的在线计算或存储；另一类是由一个松散连接的计算机网络构成的虚拟超级计算机，可以执行大规模任务。

网格计算强调将工作量转移到远程的可用计算资源上，侧重并行的计算集中性需求，难以自动扩展。

云计算强调专有，任何人都可以获取自己的专有资源，并且这些资源是由少数团体提供的，使用者不需要贡献自己的资源；云计算侧重事务性应用，能够响应大量单独的请求，可以实现自动或半自动扩展。

3．分布式计算

分布式计算利用互联网上众多闲置计算机，将其联合起来解决某些大型计算问题。与并行计算同理，分布式计算也是把一个需要巨大计算量才能解决的问题分解成许多小的部分，然后把这些小的部分分配给多台计算机进行处理，最后把这些计算结果综合起来得到最终的正确结果。与并行计算不同的是，分布式计算所划分的任务相互之间是独立的，一个小任务出错并不会影响其他任务。

4．并行计算

并行计算是指同时使用多种计算资源解决计算问题的过程，是为了更快速地解决问题、更充分地利用计算资源而出现的一种计算方法。并行计算通过将一个科学计算问题分解为多个小的计算任务，并将这些小的计算任务在并行计算机中执行，利用并行处理的方式达到快速解决复杂计算问题的目的，实际上是一种高性能计算。并行计算的缺点是，由被解决的问题划分而来的模块之间是相互关联的，若其中一个模块出错，则必定影响其他模块，再重新计算会降低运算效率。

5．效用计算

效用计算是一种提供计算资源的技术，用户从计算资源供应商处获取和使用计算资源，并基于实际使用的资源付费。效用计算主要给用户带来经济效益，是一种分发应用所需资源的计费模式。对于效用计算而言，云计算是一种计算模式，它在某种程度上共享资源，进行设计、开发、部署、运行、应用，并支持资源的可扩展/收缩性和对应用的连续性。

6．自主计算

自主计算是美国 IBM 公司于 2001 年 10 月提出的一种概念。IBM 将自主计算定义为"能够保证电子商务基础结构服务水平的自我管理技术"，其最终目的在于使信息系统能够自动地对自身进行管理，并维持其可靠性。自主计算的核心是自我监控、自我配置、自我优化和自我恢复。

- 自我监控：系统能够知道系统内部每个元素当前的状态、容量及其所连接的设备等信息。
- 自我配置：系统配置能够自动完成，并能根据需要自动调整。
- 自我优化：系统能够自动调度资源，以达到系统运行的目标。
- 自我恢复：系统能够自动从常规和意外的灾难中恢复。

7．负载均衡

负载均衡是一种服务器或网络设备的集群技术。负载均衡将特定的网络服务、网络流量等分配给多个服务器或网络设备，从而提高业务处理能力，保证业务的高可用性。常用的应用场景包括服务器负载均衡和链路负载均衡。

1.2.2　云计算的特点

云计算运行在"云"上，"云"是一个由大量的硬件和软件组成的集合体。硬件通常指一个由高速网络连接在一起的计算机集群；云软件组织调配资源，提供图形化界面或 API 接口。

1．超大规模

"云"具有超大的规模。Google 云计算拥有 100 多万台服务器，Amazon、IBM、微软、

Yahoo!等的"云"拥有几十万台服务器，一般大型企业的私有云也拥有数百台服务器。超大规模的计算机集群能赋予用户前所未有的计算能力。

2. 虚拟化

虚拟化包括资源虚拟化和应用虚拟化。资源虚拟化是指异构硬件在用户面前表现为统一资源；应用虚拟化是指应用部署的环境和物理平台无关，通过虚拟平台对应用进行扩展、迁移、备份，这些操作都是通过虚拟化层完成的，虚拟化技术支持用户在任意位置、使用各种终端获取应用服务，如大数据处理系统。使用虚拟化技术，用户所请求的资源来自"云"，应用在"云"中运行，用户无须了解，也不用担心应用运行的具体位置。只需要一台笔记本或一部手机，就可以通过网络服务实现用户需求，甚至包括完成超级计算这样的任务。

3. 动态可扩展

云计算能迅速、弹性地提供服务。服务使用的资源能快速扩展和快速释放。对于用户来说，可在任何时间购买任何数量的资源。资源可以是计算资源、存储资源和网络资源等。与资源节点相对应的也有计算节点、存储节点和网络节点。如果所需资源无法达到用户需求，可通过动态扩展资源节点增加资源以满足需求。当资源冗余时，可以添加、删除、修改云计算环境的资源节点。冗余可以保证在任意一个资源节点异常宕机时，不会导致云环境中业务的中断，也不会导致用户数据的丢失。资源动态流转意味着在云计算平台下实现资源调度机制，资源可以流转到需要的地方。例如，在应用系统业务量整体增加的情况下，可以启动闲置资源加入云计算平台，提高整个云平台的承载能力；在整个应用系统业务负载低的情况下，可以将业务集中起来，将闲置下来的资源转入节能模式，提高部分资源利用率，以节省能源。

4. 按需部署

供应商的资源保持高可用和高就绪的状态，用户可以按需自助获得资源。按需部署是云计算平台支持资源动态流转的外部特征表现。云计算平台通过虚拟分拆技术，可以实现计算资源的同构化和可度量化，可以提供小到一台计算机、大到千台计算机的计算能力。按量计费源于效用计算，在云计算平台实现按需部署后，也成为云计算平台向外提供服务时的有效收费形式。

5. 高灵活性

现在大部分的软件和硬件都支持虚拟化，各种 IT 资源（如软件、硬件、操作系统、存储网络等）通过虚拟化放置在云计算虚拟资源池中进行统一管理。云计算能够兼容不同硬件厂商的产品，兼容低配置机器和外设，获得高性能计算。

6. 高可靠性

云计算平台把用户的应用和计算分布在不同的物理服务器上，使用了数据多副本容错、计算节点同构可互换等措施来保障服务的高可靠性，即使单点服务器崩溃，也可以通过动态扩展功能部署新的服务器，增加各项资源容量，保证应用和计算的正常运转。

7．高性价比

对物理资源的要求较低。可以使用廉价的 x86 结构 PC 组成计算机集群，采用虚拟资源池的方法管理所有资源，计算性能可超过大型主机，性价比较高。

8．支持海量信息处理

云计算在底层要面对各类众多的基础软、硬件资源，在上层需要同时支持各类众多的异构业务，具体到某一业务，往往也需要面对大量的用户。因此，云计算需要面对海量的信息交互，需要有高效、稳定的海量数据通信和存储系统的支撑。

9．广泛的网络访问

可以通过各种网络渠道，以统一的机制获取服务。客户端的软件和硬件多种多样（如移动电话、笔记本电脑、PDA 等），只需连网即可。

10．动态的资源池

供应商的计算资源可以被整合为一个动态资源池，以多租户模式服务所有用户，不同的物理和虚拟资源可根据用户需求动态分配。用户一般不需要知道资源的确切地理位置，但在需要的时候用户可以指定资源位置（如哪个国家、哪个数据中心等）。

11．可计量的服务

服务的收费可以是基于计量的一次一付，或基于广告的收费模式。系统针对不同服务需求（如 CPU 时间、存储空间、带宽，甚至按用户的使用率高低）来计量资源的使用情况和定价，以提高资源的管控能力和促进优化利用。整个系统资源可以通过监控和报表的方式对服务提供者和使用者透明化。

云计算的发展极其迅速，但并非一直顺利。2015 年 1 月，Google Gmail 邮箱爆发全球性故障，服务中断长达 4 小时。据悉，此次故障是由于欧洲的数据中心例行性维护，导致欧洲另一个数据中心过载，连锁效应扩及其他数据中心，最终致使全球性断线的。3 月中旬，微软的云计算平台 Azure 停止运行约 22 小时。业内人士分析认为，Azure 平台的这次宕机与其中心处理和存储设备故障有关。除了 Google 和微软的云计算服务出现过状况，Amazon S3 服务也曾断网 6 小时。所以，云计算技术需要进一步完善，以满足用户的各方面需求，避免损失。

1.3 云计算的发展

云计算是继大型计算机、客户机/服务器之后的又一种巨变。云计算的发展可以分为三个阶段。

第一阶段是 2006 年以前，是云计算的前期发展阶段。在这段时间内，并行计算、网格计算和虚拟化技术等云计算的相关技术各自发展。

第二阶段是 2006 年到 2009 年，是云计算的发展阶段。随着云计算的不断发展，各大厂商和大型互联网公司逐渐意识到云计算的发展前景，并且将云计算用于自己公司的业务，使得云计算技术体系逐渐完善。

第三阶段是 2010 年至今，是云计算的飞速发展阶段。这一时期，云计算得到了许多企业甚至政府的高度关注，得以快速发展。

1.3.1 云计算的演变

云计算是从单机部署到分布式架构，再到基于虚拟机架构的过程中演变而来的。

（1）单机部署

单机部署就是把所有的资源都部署在一台客户机中，如图 1-4 所示。

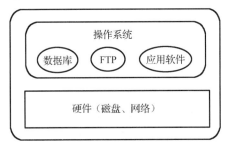

图 1-4　单机部署

（2）分布式架构

分布式架构是利用网络中的硬件设备，如客户机和服务器，把软件资源分别部署在不同的硬件设备中，使用分布式计算技术提高计算能力，如图 1-5 所示。

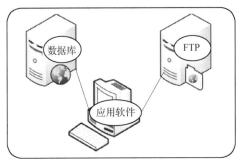

图 1-5　分布式架构

（3）虚拟机架构

虚拟机架构是指通过软件模拟的、具有完整硬件系统功能的、运行在一个完全隔离环境中的完整计算机系统。图 1-6 所示的是一个单独的虚拟机架构，图 1-7 所示的是一个集群虚拟机架构。

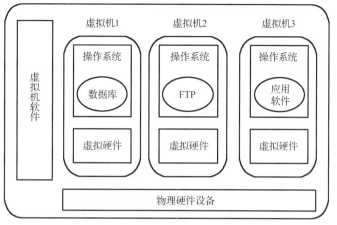

图 1-6　单独的虚拟机架构

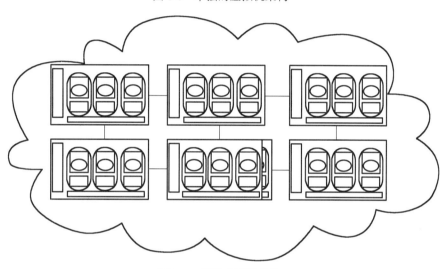

图 1-7　集群虚拟机架构

1.3.2　云计算的发展现状

由于得到了国家的高度重视和巨大支持,再加上大公司的推动,云计算发展极为迅速。云计算的发展趋势从垂直走向整合,云计算的范畴越来越广。毫无疑问,云计算已经成为 IT 行业的主题。无论是国外的巨头 Amazon、Google、IBM、微软,还是国内的巨头百度、阿里巴巴、腾讯,都一致把"云"当成未来发展的重点,其市场前景将远远超过计算机、互联网、移动通信和其他市场。

2010 年,中国政府将云计算产业列入国家重点培育和发展的战略性新兴产业。

2011 年,国家发改委、财政部、工业和信息化部批准高达 15 亿元的国家专项资金支持云计算示范应用。

2012 年,《"十二五"国家战略性新兴产业发展规划》出台,将物联网和云计算工程作为中国"十二五"发展的二十项重点工程之一。

2014 年,"大数据"首次出现在《政府工作报告》中。

2015 年是云计算的政策大年,多项有针对性的文件相继出台。2015 年 1 月,《国务院关于促进云计算创新发展培育信息产业新业态的意见》出台；2015年5月，《中国制造2025》出台；2015年7月，《关于积极推进"互联网+"行动的指导意见》出台；2015年9月，《促进大数据发展行动纲要》出台。《中国制造2025》明确提出了"围绕落实中国制造2025，支持开发工业大数据解决方案，利用大数据培育发展制造业新业态，开展工业大数据创新应用试点，同时，促进大数据、云计算、工业互联网、3D打印、个性化定制等的融合集成，推动制造模式变革和工业转型升级"。

2017年，中国IaaS排名第一位的厂商阿里云收入111.68亿元，首次突破百亿元大关，同比增长100%；IaaS排名第三位的金山云收入13.33亿元，同比增长81%。在公有云市场高速增长的环境下，2017年，浪潮信息净利润3.87~4.74亿元，同比增长35%~65%。金蝶国际云服务实现收入5.68亿元，同比增长66.57%。云计算产业链龙头公司财报的超预期意味着云计算将得到更好的发展。

云计算确实给我们的生活带来了极大的便利，推动了整个信息产业的发展与进步。同时，云计算技术仍然存在一些尚未解决的技术性问题，以及云安全问题。随着科学信息技术的进一步发展，云计算的技术性问题可以逐步得到解决，云计算的应用将会越来越广泛。

1.3.3　云计算的发展趋势

云计算未来主要有两个发展方向。

（1）发展更大规模的底层基础设施：构建与应用程序紧密结合的大规模底层基础设施，使得其应用能够扩展到更大的规模。

（2）创建更适应社会发展的云计算应用软件：通过构建新型的云计算应用软件，在网络上提供更加丰富的用户体验。

概括地说，云计算未来的发展将会体现在以下几个方面。

- 走在前端的用户会放弃将IT基础设施作为资本性开支的做法，取而代之的是将其中的一部分作为服务来购买。此外，云计算将应用程序从那些特定的架构中解放出来，构建服务。
- 云计算已成为不可阻挡的发展趋势，我国的信息安全也将面临严重的威胁，必须研发具有自主核心技术的云计算平台。
- 云计算的发展必将对产业链产生重要的影响。

以发展的眼光来看，云计算对中小企业发展的影响巨大，我国必须发展自己的云计算技术与系统。

1.4　云计算的分类与应用

1.4.1　云计算的分类

云的分层注重的是云的构建和结构，但并不是所有同样构建的云都用于同样的目的。

传统操作系统可以分为桌面操作系统、主机操作系统、服务器操作系统、移动操作系统，云平台也可以分为多种不同类型的云。

下面从云的部署模式和云的使用范围，以及云计算的服务层次和服务类型来分析现在各种各样的云方案。

1. 根据云的部署模式和云的使用范围进行分类

云分类主要是根据云的拥有者、用途、工作方式来进行的。这种分类关心的是谁拥有云平台、谁在运营云平台、谁可以使用云平台。从这个角度来看，云可以分为公共云、私有云、社区云、混合云、行业云及其他云类型。

（1）公共云

当云以服务方式提供给大众时，称为"公共云"。公共云由云提供商运营，为最终用户提供各种各样的 IT 资源。云提供商可以提供从应用程序、软件运行环境到物理基础设施等各方面的 IT 资源的安装、管理、部署和维护。最终用户通过共享的 IT 资源实现自己的目的，并且只为其使用的资源付费（pay-as-you-go），通过这种比较经济的方式获取自己所需的 IT 资源服务。

在公共云中，最终用户不知道与其共享使用资源的还有其他哪些用户，以及具体的资源底层如何实现，甚至几乎无法控制物理基础设施。所以，云服务提供商必须保证所提供资源的安全性和可靠性，这些都属于非功能性服务。云服务提供商的服务级别根据这些不同的非功能性服务进行分级。特别是需要严格按照安全性和法规遵从性的云服务要求来提供服务。公共云的示例有国外的 Google App Engine、Amazon EC2、IBM Developer Cloud，国内的腾讯云、阿里云、华为云、Ucloud 等。

（2）私有云（或称专属云）

商业企业和其他社团组织不对公众开放，为本企业或社团组织提供云服务（IT 资源）的数据中心称为"私有云"。相对于公共云，私有云的用户完全拥有整个云中心设施，可以控制哪些应用程序在哪里运行，并且可以决定允许哪些用户使用云服务。由于私有云的服务是针对企业或社团内部的，因此可以更少地受到在公共云中必须考虑的诸多限制，如带宽、安全和法规遵从性等。而且，通过用户范围控制和网络限制等手段，私有云可以提供更多的安全和私密等保证。

私有云提供的服务类型也可以是多样化的。私有云不仅可以提供 IT 基础设施服务，也可以提供应用程序和中间件运行环境等云服务，如企业内部的管理信息系统（MIS）云服务。

（3）社区云

公共云和私有云都有缺点。折中的一种方法就是社区云，顾名思义，社区云就是由一个社区而不是一家企业所拥有的云平台。社区云一般隶属某个企业集团、机构联盟或行业协会，也服务于同一个集团、联盟或协会。如果一些机构联系紧密或者有着共同（或类似）的 IT 需求，并且相互信任，它们就可以联合构造和经营一个社区云，以便共享基础设施并享受云计算的好处。凡是属于该群体的成员都可以使用该云架构。为了管理方便，社区云一般由一家机构进行运维，但也可以由多家机构共同组成一个云平台运维团队来进行管理。

公共云、私有云与社区云的区别如图1-8所示。

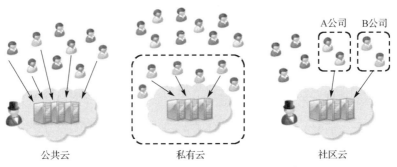

图1-8 公共云、私有云与社区云的区别

（4）混合云

混合云是把"公共云"和"私有云"结合到一起的方式。用户可以通过一种可控的方式部分拥有，部分与他人共享。企业可以利用公共云的成本优势，将非关键的应用部分运行在公共云上，同时通过内部的私有云提供安全性要求更高、关键性更强的主要应用服务。

使用混合云的原因很多，最主要的原因有两个：各种考虑因素的折中；私有云向公有云过渡。对于第一个原因来说，有些机构虽然很想利用公有云的好处，但由于各种法规、保密要求或安全限制，并不能将所有的资源置于公有云上，因此就会出现部分IT资源部署在公有云上、部分部署在业务所在地的情况，这就会形成混合云。

从长远来看，公有云是云计算的最终目的，但私有云和公有云会以共同发展的形式长期共存。就像银行服务的出现，货币从个人手中转存到银行保管，是一个更安全、方便的过程，但也会有人选择自己保管，二者并行不悖。

（5）行业云

行业云是针对云的用途而不是云的拥有者或者用户来说的。如果云平台是针对某个行业进行特殊定制的（如针对汽车行业），则称为行业云。行业云的生态环境所用的组件都是比较适合相关行业的组件，并且上面部署的软件也都是行业软件或其支撑软件。例如，如果是针对军队建立的云平台，则上面部署的数据存储机制应当特别适合于战场数据的存储、索引和查询。

毫无疑问，行业云适合所指定的行业，但对一般的用户可能价值不大。一般来说，行业云的构造会更为简单，其管理通常由行业的龙头老大或者政府所指定的计算中心（超算中心）来负责。有人说超算中心是云计算平台，大概就是从这个方面理解的。

行业云和前面提到的四种云之间并不是排他性的关系，它们之间可能存在交叉或重叠。例如，行业云可以在公有云上构建，也可以是私有云，更有可能是社区云。

（6）其他云类型

除上面的类别外，云的分类还可以继续下去。例如，根据云针对的是个人还是企业可以分为消费者云和企业云。消费者云的受众为普通大众或者个人，因此也称为大众云，此种云满足的是个人的存储和文档管理需求；企业云则面向企业，为企业提供全面 IT 服务。这些云的分类在本质上仍是上述云种类的某种分割或组合。

2．根据云计算的服务层次和服务类型进行分类

根据云计算的服务层次和服务类型也可以将云分为三层：基础设施即服务、平台即服务和软件即服务。不同的云层提供不同的云服务，图 1-9 展示了云计算的组成元素。

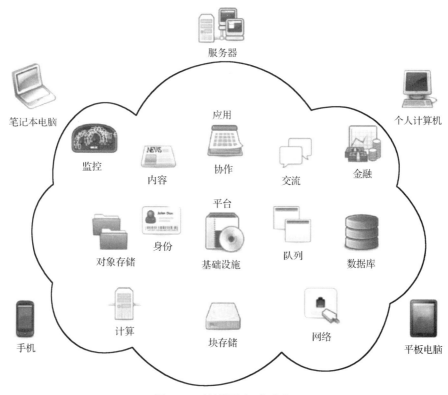

图 1-9　云计算的组成元素

（1）基础设施即服务（Infrastructure as a Service，IaaS）

IaaS 位于云计算三层服务的底端，也是云计算的狭义定义所覆盖的范围。它就是把 IT 基础设施像水、电一样以服务的形式提供给用户，以服务形式提供基于服务器和存储设备等硬件资源的可高度扩展和按需变化的 IT 能力。通常按照所消耗资源的成本进行收费。

该层提供的是基本的计算和存储能力，以计算能力的提供为例，其提供的基本单元就是服务器，包含 CPU、内存、存储设备、操作系统及一些软件，如图 1-10 所示。具体的例子如 Amazon 的 EC2。

（2）平台即服务（Platform as a Service，PaaS）

PaaS 位于云计算三层服务的中间，通常也称为"云操作系统"，如图 1-11 所示。它提供给终端用户基于互联网的应用开发环境，包括应用编程接口和运行平台等，支持应用从创建到运行整个生命周期所需的各种软硬件资源和工具。通常按照用户或登录情况计费。在 PaaS 层面，服务提供商提供的是经过封装的 IT 能力，或者是一些逻辑的资源，如

数据库、文件系统和应用运行环境等。PaaS 的产品示例有华为的软件开发者云 DevCloud、Saleforce 公司的 Force.com 和 Google 公司的 Google App Engine 等。

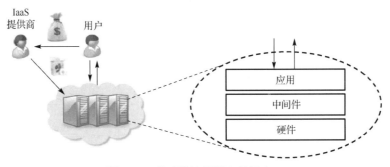

图 1-10　基础设施即服务的层次

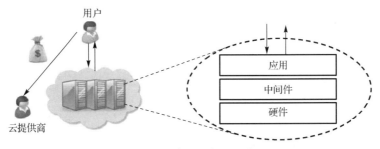

图 1-11　平台即服务的层次

　　PaaS 服务主要面向软件开发者。让开发者通过网络在云计算环境中编写并运行程序在以前是一个难题。在网络带宽逐步提高的前提下，两种技术的出现解决了这个难题。一种是在线开发工具，开发者可通过浏览器、远程控制台（控制台中运行开发工具）等技术直接在远程开发应用，无须在本地安装开发工具；另一种是本地开发工具和云计算的集成技术，即通过本地开发工具将开发好的应用部署到云计算环境中，同时能够进行远程调试。

　　（3）软件即服务（Software as a Service，SaaS）

　　SaaS 是最常见的云计算服务，位于云计算三层服务的顶端，如图 1-12 所示。用户通过标准的 Web 浏览器来使用 Internet 上的软件。服务供应商负责维护和管理软硬件设施，并以免费或按需租用的方式向最终用户提供服务。

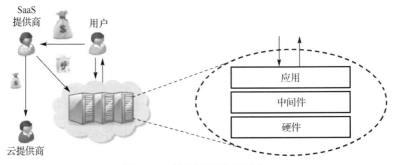

图 1-12　软件即服务的层次

　　这类服务既有面向普通用户的，诸如 Google Calendar 和 Gmail，也有直接面向企业团体的，用于帮助处理工资单流程、人力资源管理、协作、客户关系管理和业务合作伙伴关

系管理等，如 Salesforce.com 和 Sugar CRM。这些 SaaS 提供的应用程序减少了客户安装
与维护软件的时间及其对技能的要求，并且可以通过按使用付费的方式来减少软件许可证
费用的支出。

以上三层，每层都有相应的技术支持提供该层的服务，具有云计算的特征，如弹性伸
缩和自动部署等。每层云服务可以独立成云，也可以基于下面层次的云提供的服务；每层
云可以直接提供给最终用户使用，也可以只用来支撑上层的服务。

1.4.2 云计算的应用

1. 主要的云计算平台

Google、Amazon、IBM、Microsoft、Sun 等公司提出的云计算基础设施或云计算平台
对研究云计算具有一定的参考价值。当然，针对目前商业云计算解决方案存在的种种问题，
开源组织和学术界也纷纷提出了相应的云计算系统或平台解决方案。

（1）Google 云计算平台

Google 是云计算最大的实践者，运营最接近云计算特征的商用平台——在线应用服
务托管平台 Google 应用引擎（GAE）。软件开发者可以在此之上编写应用程序，企业用户
可以使用其定制化的网络服务。例如，开发人员根据提供的服务可以编译基于 Python 的
应用程序，并可免费使用 Google 的基础设施进行托管（最高存储空间达 500MB）。对于
超过上限的存储空间，Google 按每 CPU 内核每小时 10～12 美分及 1GB 空间 15～18 美分
的标准进行收费。典型的应用方式有 Gmail、Google Picasa Web 及可收费的 Google 应用
软件套件。

Google 的云计算基础设施最初是在为搜索应用提供服务的基础上逐步扩展的，针对
内部网络数据规模大的特点，Google 提出了一整套基于分布式并行集群方式的基础架构，
主要由分布式文件系统 Google File System（GFS）、大规模分布式数据库 Big Table、程序
设计模式 MapReduce、分布式锁机制 Chubby 等几个相互独立又紧密结合的系统组成。GFS
是一个分布式文件系统，能够处理大规模的分布式数据，每个 GFS 集群由一个主服务器
和多个块服务器组成，被多个客户端访问。主服务器负责管理元数据、存储文件和块的命
名空间、文件到块之间的映射关系及每一个块副本的存储位置；块服务器存储块数据，文
件被分割成固定尺寸（64MB）的块，块服务器把块作为 Linux 文件保存在本地硬盘上。
为了保证可靠性，每个块默认保存 3 个备份。主服务器通过客户端向块服务器发送数据请
求，而块服务器则将取得的数据直接返回给客户端。

（2）Amazon 的 AWS 云服务

Amazon 是从在线书店和电子零售业发展起来的，如今已在业界享有盛誉，它的云计
算服务不涉及应用层面的计算，主要基于虚拟化技术提供底层的、可通过网络访问的存储、
计算机处理、信息排队和数据库管理系统等租用式服务。Amazon 的云计算建立在其公司
内部的大规模集群计算的平台上，并提供托管式的计算资源出租服务，用户可以通过远端
的操作界面选择和使用服务。

Amazon 是最早提供云计算服务的公司之一，该公司的弹性计算云（Elastic Compute Cloud，EC2）平台建立在公司内部的大规模计算机、服务器集群上，为用户提供网络界面操作在"云端"运行的虚拟机实例。用户只需为自己所使用的计算平台实例付费，运行结束后计费也随之结束。弹性计算云用户使用客户端，通过 SOAP over HTTP 协议与 Amazon 弹性计算云内部的实例进行交互。弹性计算云平台为用户或开发人员提供了一个虚拟的集群环境，在用户具有充分灵活性的同时，也减轻了云计算平台拥有者（Amazon 公司）的管理负担。弹性计算云中的每一个实例代表一个运行中的虚拟机。用户对自己的虚拟机具有完整的访问权限，包括针对此虚拟机操作系统的管理员权限。虚拟机也是根据虚拟机的能力进行费用计算的。实际上，用户租用的是虚拟的计算能力，通过这种方式，用户不必自己去建立云计算平台。总之，Amazon 通过提供弹性计算云，满足了小规模软件开发人员对集群系统的需求，减小了维护负担。其收费方式相对简单明了，用户只需为使用的资源付费即可。

（3）IBM 的 SmartCloud 云计算平台

IBM 的 SmartCloud 云计算平台是一套软、硬件平台，将 Internet 上使用的技术扩展到企业平台上，使数据中心可使用类似于互联网的计算环境。它由一个数据中心、IBM Tivoli 监控软件（Tivoli Monitoring）、IBM DB2 数据库、IBM Tivoli 部署管理软件（Tivoli Provisioning Manager）、IBM WebSphere 应用服务器和开源虚拟化软件，以及一些开源信息处理软件共同组成。SmartCloud 采用了 Xen、PowerVM 虚拟技术和 Hadoop 技术，以期帮助用户构建云计算环境。SmartCloud 的特点主要体现在虚拟机及其所采用的大规模数据处理软件 Hadoop 上，侧重云计算平台的核心后端，未涉及用户界面。由于该架构是完全基于 IBM 公司产品设计的，因此也可以将该架构理解为 SmartCloud 产品架构。2008 年 2 月，IBM 成功在无锡科教产业园设立中国第一个商业化运营的云计算中心。它提供了一个可运营的支撑体系，当一个公司入驻科教产业园后，其部分软硬件可以通过云计算中心来获取和使用，大大降低了基础设施的建设成本。

（4）微软的 Azure "蓝天"云平台

微软于 2008 年 10 月推出了 Windows Azure 操作系统，这是继 Windows 取代 DOS 之后的又一次颠覆性转型——通过在互联网架构上打造新云计算平台，让 Windows 真正由 PC 延伸到"蓝天"上。微软的 Azure 云平台包括 4 个层次：底层是微软全球基础服务（Global Foundation Service，GFS）系统，由遍布全球的第四代数据中心构成；云基础设施服务（Cloud Infrastructure Service）层，以 Windows Azure 操作系统为核心，主要从事虚拟化计算资源管理和智能化任务分配；Windows Azure 之上是一个应用服务平台，它发挥着构件的作用，为用户提供一系列的服务，如 Live 服务、NET 服务、SQL 服务等；再往上是微软提供给开发者的 API、数据结构和程序库，是微软为用户提供的服务（Finished Service），如 Windows Live、Office Live、Exchange Online 等。

（5）Sun 云基础设施

Sun 云基础设施体系结构包括服务、应用程序、中间件、操作系统、虚拟服务器和物理服务器,形象地体现了其提出的"云计算可描述从硬件到应用程序的任何传统层级提供的服务"的观点。Sun 公司现已被甲骨文公司合并。

2．云计算衍生产品

（1）云存储

云存储是在云计算概念上延伸和发展出来的一个新的概念,是指通过集群应用、网格技术或分布式文件系统等功能,将网络中大量不同类型的存储设备通过应用软件集合起来协同工作,共同对外提供数据存储和业务访问功能的一个系统。

当云计算系统运算和处理的核心是大量数据的存储和管理时,云计算系统就需要配置大量的存储设备,云计算系统就转变成一个云存储系统,所以云存储是一个以数据存储和管理为核心的云计算系统。

（2）云安全

云安全是在互联网和云计算融合的时代信息安全的最新发展,包括以下两方面内容。

① 云安全技术（云计算技术在安全领域的应用）。云安全技术指的是信息安全产品和服务提供商利用云计算技术手段提供信息安全服务的模式,属于云计算 SaaS 模式的一种。瑞星、趋势科技、卡巴斯基、McAfee、Symantec、江民科技、熊猫安全、金山、360 安全卫士等都推出了云安全解决方案。云安全的核心是对海量未知恶意文件或网页的实时处理。

云安全是网络时代信息安全的最新体现,融合了并行处理、网格计算、未知病毒行为判断等新兴技术和概念,通过网状的大量客户端对网络中软件行为的异常进行监测,获取互联网中木马、恶意程序的最新信息,推送到服务端进行自动分析和处理,再把病毒和木马的解决方案分发到每一个客户端。简单理解就是通过互联网达到"反病毒厂商的计算机群"与"用户终端"之间的互动。云安全不是某款产品,也不是解决方案,它是基于云计算技术演变而来的一种互联网安全防御理念。

② 云计算安全（安全技术在云计算平台的应用）。云计算安全是利用安全技术解决云计算环境的安全问题,提升云体系自身的安全性,保障云计算服务的可用性、数据机密性、完整性和隐私保护等,保证云计算健康可持续地发展,是对信息安全和云服务本身的安全提出新要求的解决方案和技术,主要集中在安全体系结构、虚拟化、隐私、审计、法律等方面,包括数据加密、密钥管理、应用安全、网络安全、管理安全、传输安全、虚拟化安全等。

云计算安全的关键技术主要分为数据安全、应用安全、虚拟化安全。数据安全的研究主要有数据传输安全、数据隔离、数据残留等方面;应用安全包括终端用户安全、服务安全、基础设施安全等;虚拟化安全主要来源于虚拟化软件的安全和虚拟化技术的安全。

云计算安全研究目前还处于初步阶段,主要研究者和推动者包括:云安全联盟（Cloud Security Alliance，CSA）,主要推广云安全实践,提供安全指引;云服务提供商（包括 Amazon、微软、IBM 等）,主要通过身份认证、安全审查、数据加密、系统冗余等技术和管理手段提高业务平台的健壮性、服务连续性和数据安全性。

云安全的核心技术或研究方向包括大规模分布式并行计算技术、海量数据存储技术、海量数据自动分析和挖掘技术、海量恶意网页自动检测技术、海量白名单采集及自动更新技术、高性能并发查询引擎技术、未知恶意软件的自动分析识别技术、未知恶意软件的行为监控和审计技术等。

（3）其他

在游戏、教育、通信和娱乐等领域，云计算同样应用广泛。

第 2 章

云计算的关键技术

各行业各领域的云计算解决方案的具体实现需要相应的关键技术支持。本章主要阐述了云计算中的一些关键技术：虚拟化技术、数据存储技术、资源管理技术、云计算中的编程模型、集成一体化技术以及自动化技术。

2.1 虚拟化技术

虚拟化技术（Virtualization）是伴随着计算机技术的产生而出现的，在计算机技术的发展历程中一直扮演着重要的角色。从 20 世纪 50 年代虚拟化概念的提出，到 20 世纪 60 年代 IBM 公司在大型机上实现虚拟化的商用；从操作系统的虚拟内存到 Java 语言虚拟机，再到目前基于 x86 体系结构的服务器虚拟化技术的蓬勃发展，都为虚拟化这一看似抽象的概念添加了极其丰富的内涵。近年来，随着服务器虚拟化技术的普及，出现了全新的数据中心部署和管理方式，为数据中心管理员带来了高效和便捷的管理体验。该技术还可以提高数据中心的资源利用率，减少能源消耗。这一切使得虚拟化技术成为整个信息产业中最受瞩目的焦点。

2.1.1 虚拟化的定义

虚拟相对于真实，虚拟化就是将原本运行在真实环境上的计算机系统或组件运行在虚拟出来的环境中。一般来说，计算机系统分为若干层次，从下至上包括底层硬件资源、操作系统、操作系统提供的应用程序编程接口，以及运行在操作系统之上的应用程序。虚拟化技术可以在这些不同层次之间构建虚拟化层，向上提供与真实层次相同或类似的功能，使得上层系统可以运行在该中间层之上。这个中间层可以解除其上、下两层间原本存在的耦合关系，使上层的运行不依赖下层的具体实现。

由于引入了中间层，虚拟化不可避免地会带来一定的性能影响，但是随着虚拟化技术的发展，这样的开销在不断地减少。根据所处具体层次的不同，"虚拟化"这个概念也具有不同的内涵，为"虚拟化"加上不同的定语，就形成不同的虚拟化技术。目前，应用比较广泛的虚拟化技术有软件虚拟化、系统虚拟化和基础设施虚拟化等。虚拟化是一个非常宽泛的概念，随着 IT 产业的发展，这个概念所涵盖的范围也在不断扩大。

比如，操作系统中的虚拟内存技术是计算机业内认知度最广的虚拟化技术，现有的主流操作系统都提供了虚拟内存功能。虚拟内存技术是指在磁盘存储空间中划分一部分作为内存的中转空间，负责存储内存中存放不下且暂时不用的数据。当程序用到这些数据时，再将它们从磁盘换入内存。有了虚拟内存技术，程序员就拥有了更多的空间来存放自己的程序指令和数据，从而可以更加专注于程序逻辑的编写。虚拟内存技术屏蔽了程序所需内存空间的存储位置和访问方式等实现细节，使程序看到的是一个统一的地址空间。可以说，虚拟内存技术向上提供透明的服务时，无论是程序开发人员还是普通用户都感觉不到它的存在。这也体现了虚拟化的核心理念，以一种透明的方式提供抽象了的底层资源。

"虚拟化"是一个广泛而变化的概念，因此想要给出一个清晰而准确的定义并不是一件容易的事情。

IBM 对虚拟化的定义：虚拟化是资源的逻辑表示，它不受物理限制的约束。

在这个定义中，资源涵盖的范围很广。资源可以是各种硬件资源，如 CPU、内存、存储设备、网络；也可以是各种软件环境，如操作系统、文件系统、应用程序等。

虚拟化的主要目标是对基础设施、系统和软件等 IT 资源的表示、访问和管理进行简化，并为这些资源提供标准的接口来接收输入和提供输出。虚拟化技术的使用者可以是最终用户、应用程序或者服务。通过标准接口，虚拟化可以在 IT 基础设施发生变化时将对使用者的影响降到最低。最终用户可以重用原有的接口，因为他们与虚拟资源进行交互的方式并没有发生变化，即使底层资源的实现方式发生了改变，他们也不会受到影响。

虚拟化技术降低了资源使用者具体实现之间的耦合程度，让使用者不再依赖资源的某种特定实现。在系统管理员对 IT 资源进行维护与升级时，这种松耦合关系可以减少对使用者的影响。

2.1.2 虚拟化的常见类型

从被虚拟化的资源类型来看，一般可以将虚拟化技术分为三类。

（1）软件虚拟化。软件虚拟化很显然是针对软件环境的虚拟化技术，应用虚拟化就是其中的一种。应用虚拟化分离了应用程序的计算逻辑和显示逻辑，即界面抽象化，而不是在用户端安装软件。当用户要访问被虚拟化的应用程序时，只需要把用户端人机交互的数据传送到服务器，由服务器来为用户开设独立的会话去运行被访问的应用程序的计算逻辑，服务器再把处理后的显示逻辑传回给用户端，从而使用户获取像在本地运行应用程序的使用感受。

（2）系统虚拟化。是指使用虚拟化软件在一台物理机上虚拟出一台或多台相互独立的虚拟机。服务器虚拟化就属于系统虚拟化，它是指在一台物理机上面运行多台虚拟机（Virtual Machine，VM），各个虚拟机之间相互隔离，并能同时运行相互独立的操作系统，这些客户操作系统（Guest OS）通过虚拟机管理器（Virtual Machine Monitor，VMM）访问实际的物理资源，并进行管理。服务器虚拟化技术具有诸多优点，基于服务器虚拟化搭建的云计算平台有着很多良好特性。

（3）基础设施虚拟化。一般包含存储虚拟化和网络虚拟化等。存储虚拟化是指为物理存储设备提供抽象的逻辑视图,而用户能通过这个视图中的统一逻辑接口访问被整合在一起的存储资源。网络虚拟化是指将软件资源和网络的硬件整合起来,为用户提供虚拟的网络连接服务。网络虚拟化的典型代表有虚拟专用网（VPN）和虚拟局域网（VLAN）。

2.1.3 服务器虚拟化

服务器虚拟化是指在一台物理机上面虚拟出很多台虚拟机（Virtual Machine）,并且各台虚拟机之间是相互隔离的,它们可以同时运行彼此独立的操作系统,所有的客户操作系统（Guest OS）都能借助虚拟机管理器（Virtual Machine Monitor）访问实际存在的物理资源,并对其进行管理。该技术原理就是同一组物理资源能够被很多虚拟机重复使用,而底层资源的策划以及共享功能的实现都交由虚拟机管理器去完成,然后将虚拟的计算资源提供给上层设备。如今,一个标准的虚拟机系统,内存的虚拟化通常是使用划分的方式实现的,该方式也适用于一些能够被划分的输入/输出设备,如常见的磁盘设备;但 CPU 的虚拟化和一些支持共享的设备的虚拟化是使用共享的方式来实现的。

服务器虚拟化将系统虚拟化技术应用于服务器上,在一个服务器上创建出若干个可独立使用的虚拟机服务器,如图 2-1 所示。根据虚拟化层实现方式的不同,服务器虚拟化主要有两种类型:寄宿虚拟化和原生虚拟化。

图 2-1 服务器虚拟化的实现方式

服务器虚拟化必备的是对三种硬件资源的虚拟化:CPU、内存、输入/输出设备。此外,为了实现更好的动态资源整合,当前的服务器虚拟化大多支持虚拟机的实时迁移。

1. CPU 的虚拟化

在 x86 的架构里,CPU 有 4 个运行级别,分别为 Ring 3、Ring 2、Ring 1 和 Ring 0,其中的最高级别为 Ring 0,它能够运行所有的系统指令。操作系统的内核就是运行于 Ring 0 级别的,而应用程序一般都是运行在 Ring 3 级别的,不可以执行特权指令。要想在 x86 的架构里去实现虚拟化,就必须在客户操作系统层之下加入虚拟化层,由于虚拟化层要在 Ring 0 运行,因此客户操作系统只能够运行于 Ring 0 级别以上,但是客户操作系统中的特权指令又需要在 Ring 0 级别来执行,所以就产生了矛盾。解决这一矛盾的方法有两种:全虚拟化和半虚拟化。

全虚拟化是一种采用二进制代码翻译技术,即在虚拟机运行时,将陷入指令（访管指令）插入特权指令的前面，把执行陷入虚拟机管理器里面去，然后虚拟机管理器动态地把这些系统指令转换成能够实现相同功能的指令的序列之后再去执行。不用修改客户操作系统就能实现全虚拟化技术，但是动态转换指令的步骤会产生一定的性能开销。

半虚拟化则是通过修改客户操作系统实现的，把虚拟化层的超级调用作为特权指令，以此来解决虚拟机运行特权指令的相关问题。

半虚拟化和全虚拟化都属于 CPU 虚拟化技术，无论是超级调用还是二进制翻译都将产生一定的性能开销。而伴随着虚拟化技术的不断应用，AMD 和英特尔分别推出了自己的硬件辅助虚拟化技术 AMD-V 和 Intel VT，通过在 CPU 里面加入新的指令集和处理器运行模式完成 CPU 虚拟化的一些功能。因此，客户操作系统可以直接在硬件辅助虚拟化技术基础上运行，这样大大减少了相关性能的开销。

2．内存的虚拟化

内存的虚拟化是将服务器的物理内存进行统一管理，为每个虚拟机提供彼此隔离而连续的虚拟化内存空间。虚拟机管理器则利用一个虚拟机内存管理单元来维护物理机内存与虚拟机逻辑内存之间的映射关系。

物理机内存与虚拟机逻辑内存之间的映射关系是由内存虚拟化管理单元负责的，主要可以分为影子页表法和页表写入法。

在影子页表法里，当客户在操作系统中维护自己的页表时，该页表将维护虚拟机物理内存与虚拟机逻辑地址之间的映射关系。虚拟机管理器则是为每台虚拟机维护一个与其相对应的页表，这个页表里保存着物理机的内存与虚拟机的物理内存之间的映射关系。现有的 VMware ESX Server 和 KVM 都采用这种方法。

在页表写入法里，当客户操作系统要创建一个全新页表时，必须向虚拟机管理器注册要创建的新页表。虚拟机管理器会维护该新页表，并记录物理机地址与虚拟机逻辑地址之间的映射关系。在客户操作系统想对该页表进行更新时，虚拟机管理器会对该页表进行修改，即实现页表写入法就必须修改客户操作系统。现在流行的 Xen 虚拟化采用这种方法。

3．输入/输出设备的虚拟化

除了 CPU 和内存，服务器的重要部件还有输入/输出设备。输入/输出设备的虚拟化对物理机的真实设备进行统一管理，将其包装成多个虚拟化的设备提供给多台虚拟机使用，并能响应每台虚拟机的设备访问及输入/输出请求。现在比较常见的设备和输入/输出虚拟化基本都是用软件的方式实现的。虚拟化设备的标准化使虚拟机不需要再依靠底层的物理设备实现，以便进行虚拟机的迁移工作。

通过上述讨论与分析，我们可以看出服务器虚拟化有以下几方面的明显特征。

（1）隔离性。服务器虚拟化能够将运行于同一台物理机上的多个虚拟机完全隔离开，多个虚拟机之间的关系就如同多台物理机之间的关系，每台虚拟机都有自己相对独立的内存空间。当一台虚拟机崩溃时，不会直接影响到其他虚拟机的正常工作。

（2）多实例。一台物理机通过服务器虚拟化技术的处理之后，能够运行多个虚拟服务器，不仅支持多个客户操作系统，而且物理系统的资源还能以可控的方式分配给各个虚拟机。

（3）封装性。通过服务器虚拟化处理后，一个完整的虚拟机环境对外表现为一个单一的实体，以便在不同的硬件设备间进行复制、移动和备份操作。同时，服务器虚拟化技术将物理机的硬件封装成标准化的虚拟硬件设备，提供给每台虚拟机的操作系统和应用程序，这在很大程度上提高了系统的兼容性。

基于上述特征，服务器虚拟化技术带来了如下优点。

（1）快速部署。在传统的数据中心里面，部署一个应用一般要耗费十几个小时甚至好几天的时间。需要做的工作十分繁杂，如安装操作系统、安装中间件、安装应用、系统配置、系统测试、运行等多个步骤，在部署的过程中还很容易出现错误。但在采用了服务器虚拟化技术之后，要部署一个应用就相当于部署一个封装好操作系统和应用程序的虚拟机，只用简单的几个操作就可以完成——拷贝虚拟机、启动虚拟机和配置虚拟机即可。这个过程通常只需十几分钟，并且部署过程是自动化的，不容易出现问题。

（2）较高的资源利用率。在传统的数据中心里，由于对管理性、安全性和性能的考虑，绝大多数的服务器上面往往只运行一个应用，这导致了许多机器的 CPU 使用率非常低，平均不到 20%。但在采用了服务器虚拟化技术以后，能够将原来大部分服务器上的应用整合到一台服务器上，很大程度上提高了服务器资源的利用率，而且服务器虚拟化所固有的隔离性、多实例和封装性也保证了应用原来所具有的性能特征。

（3）实时迁移。当虚拟机处于运行状态时，将其运行状态快速、完整地从一台宿主机迁移到另一台宿主机的整个迁移过程都是平滑的，而且对于用户是透明的。由于服务器虚拟化有封装性，因此实时迁移能够支持原宿主机和目标宿主机之间的硬件平台异构性。当一台物理机的硬件需要更新或维护时，实时迁移可以在不宕机的情况下将其上的虚拟机顺利地迁移至另一台物理机上去，大大提高了系统的可用性。

（4）动态资源调度及高兼容性。依据虚拟机内部资源的使用情况，用户能够自由调整所使用虚拟机的资源配置，如虚拟机的内存和 CPU 等资源，而不用像物理机那样变更硬件设备。服务器虚拟化技术的封装性和隔离性也使得物理底层与应用程序的运行平台彼此分离，大大提高了系统的兼容性。

2.1.4 云计算与虚拟化

在搭建云计算平台的时候，使用虚拟化技术和没有使用虚拟化技术的基础设施层有着非常大的差别，前者的资源部署更多的是对虚拟机的部署和配置，而后者的资源部署涉及的是从操作系统至上层应用程序整个软件堆栈的部署以及配置。因此，相对于传统的方式而言，基于虚拟化技术搭建的云平台有着相当大的优势，体现在以下几个方面。

（1）可伸缩性。可伸缩性是指系统通过对资源的合理调整应对负载变化的特性，以此来保持性能的一致性。对基于虚拟化技术的云计算平台来说，能够通过对虚拟机资源的适度调整来实现系统的可伸缩性。相比传统的方式，调整虚拟机映像资源远比调整物理机资源快速得多、灵活得多，从而易于实现软件系统的可伸缩性。

（2）高可用性。可用性是指系统在一段时间内正常工作的时间与总时间之比。在云计算环境里，节点的失效是一种比较常见的情况，所以就需要有一定的保障机制来保证系统在发生故障后还能够迅速地恢复过来，从而可以继续提供服务。传统方式实现高可用性需要引入灾难和冗余备份系统，但是这样却带来了冗余备份数据一致性等相关问题，而且管理和采购所需的开销很大。相对而言，基于虚拟化技术的云计算平台可以借助虚拟机的快速部署和实时迁移等优点，方便、快捷地提高系统的可用性。

（3）负载均衡。在云计算平台之中，可能在某个时刻有的节点负载特别高，而其他节点负载过低。当某一节点的负载很高时，将会影响该节点上层应用的性能。若采用虚拟化技术，则能够将高负载节点上的部分虚拟机实时迁移到低负载节点上，从而使整个系统的负载达到均衡，以保证上层应用的使用性能。同时，因为虚拟机还包括了上层应用的执行环境，所以进行实时迁移操作的时候，对上层应用并无影响。

（4）提高资源利用率。对于云计算这样的大规模集群式环境来说，任何时刻节点的负载都是不均衡的。若过多的节点负载很低，则会造成资源的严重浪费。但是基于虚拟化技术的云计算平台能够将多个低负载的虚拟机合并至同一个物理节点上，并且关闭其他空闲的物理节点，从而大大提高资源的利用率，同时还能够达到减少系统能耗的目的。

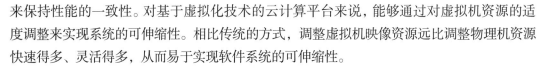

2.2　数据存储技术

为保证高可用、高可靠和经济性，云计算采用分布式存储的方式来存储数据，采用冗余存储的方式来保证存储数据的可靠性，即同一份数据存储多个副本。

云计算的数据存储技术主要有 Google 的非开源的 GFS（Google File System，Google 文件系统）和 Hadoop 开发团队开发的 GFS 的开源实现 HDFS（Hadoop Distributed File System，Hadoop 分布式文件系统）。大部分 IT 厂商（包括 Yahoo!、英特尔）的"云"计划采用的都是 HDFS 数据存储技术。

云计算的数据存储技术未来的发展将集中在超大规模的数据存储、数据加密和安全性保证以及继续提高 I/O 速率等方面。

下面以 GFS 和 HDFS 为例进行具体阐述。

2.2.1　GFS

GFS 是一个管理大型分布式数据密集型计算的可扩展的分布式文件系统。它使用廉价的商用硬件搭建系统并向大量用户提供容错的高性能服务。

GFS 与传统分布式文件系统的区别如表 2-1 所示。

表 2-1　GFS 与传统分布式文件系统的区别

文件系统	组件失败管理	文件大小	数据写方式	数据流与控制流
GFS	不作为异常处理	少量大文件	在文件末尾加数据	数据流和控制流分开
传统分布式文件系统	作为异常处理	大量小文件	修改现存数据	数据流和控制流结合

GFS 由一个主机和大量块服务器构成。主机存放文件系统的所有元数据，包括名字空间、存取控制、文件分块信息、文件块的位置信息等。GFS 中的文件切分为 64MB 的块进行存储。

在 GFS 中，采用冗余存储的方式来保证数据的可靠性。每份数据在系统中保存 3 个以上的备份。为了保证数据的一致性，对数据的所有修改需要在所有的备份上进行，并用版本号的方式来确保所有备份处于一致的状态。

客户端不通过主机读取数据，可避免大量读操作使主机成为系统瓶颈。客户端从主机获取目标数据块的位置信息后，直接和块服务器交互进行读操作。

GFS 将写操作控制流和数据流分开，如图 2-2 所示。即客户端在获取了主机的写授权后，将数据传输给所有的数据副本，在所有的数据副本都收到修改的数据后，客户端才发出写请求控制信号。在所有的数据副本更新完数据后，由主副本向客户端发出写操作完成控制信号。当然，云计算的数据存储技术并不仅仅是 GFS，其他 IT 厂商（包括微软、Hadoop）也在开发相应的数据管理工具，GFS 本质上是一种分布式的数据存储技术，以及与之相关的虚拟化技术，对上层屏蔽具体的物理存储器的位置、信息等。快速的数据定位、数据安全性、数据可靠性以及底层设备内存储数据量的均衡等方面都需要继续研究完善。

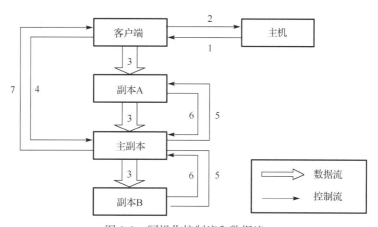

图 2-2　写操作控制流和数据流

由于搜索引擎需要处理海量的数据，因此 Google 的两位创始人 Larry Page 和 Sergey Brin 在创业初期设计了一套名为"BigFiles"的文件系统，而 GFS 这套分布式文件系统则是 BigFiles 的延续。

GFS 主要分为两类节点。

（1）Master 节点。主要存储与数据文件相关的元数据，而不是 Chunk（数据块）。元数据包括一个能将64位标签映射到数据块的位置及其组成文件的表格\数据块副本位置和哪个进程正在读/写特定的数据块等。Master 节点会周期性地接收从每个 Chunk 节点来的更新（"Heart-beat"），以便让元数据保持最新状态。

（2）Chunk 节点。顾名思义，Chunk 节点用来存储 Chunk，数据文件被分割为默认大小为 64MB 的多个 Chunk，而且每个 Chunk 有唯一一个 64 位标签，并且每个 Chunk 都会在整个分布式系统被复制多次，默认为 3 次。

图 2-3 显示的是 GFS 的架构图。

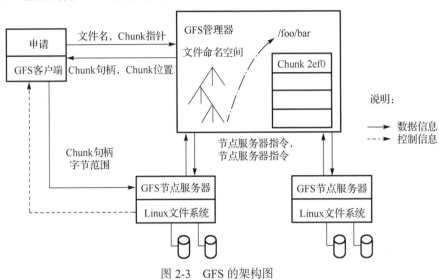

图 2-3　GFS 的架构图

在设计上，GFS 主要有 8 个特点。

（1）大文件和大数据块。数据文件的大小普遍在 GB 级别，而且其每个数据块默认大小为 64MB，这样做的好处是减少了元数据的大小，能使 Master 节点非常方便地将元数据放置在内存中以提升访问效率。

（2）操作以添加为主。文件很少被删减或覆盖，通常只是进行添加或读取操作，这样能充分考虑到硬盘现行吞吐量大和随机读/写慢的特点。

（3）支持容错。首先，虽然当时为了设计方便，采用了单 Master 的方案，但是整个系统会保证每个 Master 都有与其相对应的复制品，以便在 Master 节点出现问题时进行切换。其次，在 Chunk 层，GFS 已经在设计上将节点失效视为常态，所以能非常好地处理 Chunk 节点失效的问题。

（4）高吞吐量。虽然单个节点的性能无论是从吞吐量还是延迟来说都很普通，但因为其支持上千个节点，所以总的数据吞吐量是非常惊人的。

（5）保护数据。文件被分割成固定尺寸的数据块以便保存，而且每个数据块都会被系统复制 3 份。

（6）扩展能力强。因为元数据偏小，一个 Master 节点能控制上千个存储数据的 Chunk 节点。

（7）支持压缩。对于那些稍旧的文件，可以通过压缩它们来节省硬盘空间，并且压缩率非常惊人，有时甚至接近 90%。

（8）用户空间。虽然用户空间在运行效率方面稍差，但是便于开发和测试，还能更好地利用 Linux 自带的一些 POSIC API。

2.2.2　HDFS

HDFS 是一个为普通硬件设计的分布式文件系统，是 Hadoop 分布式软件架构的基础部件。

HDFS 在设计之初就做了如下假设。

① 硬件错误是常态。

② 流式数据访问为主，要求具备高吞吐量。

③ 存储的文件以大数据集为主。

④ 文件修改以尾部追加为主，一次写入多次读取。

基于以上几点，HDFS 被设计为部署在大量廉价硬件上的、适用于大数据集应用程序的分布式文件系统，具有高容错、高吞吐率等优点。HDFS 使用文件和目录的形式组织用户数据，支持文件系统的大多数操作，包括创建、删除、修改、复制目录和文件等。HDFS 提供了一组 Java API 供程序使用，并支持对这组 API 的 C 语言封装。用户可通过命令接口 DFSShell 与数据进行交互，以允许流式访问文件系统的数据。HDFS 还提供了一组管理命令，用于对 HDFS 集群进行管理，这些命令包括设置 NameNode，添加、删除 DataNode，监控文件系统使用情况等。

HDFS 的基本概念如下。

（1）数据块（block）

① HDFS 默认的最基本的存储单位是 64MB 的数据块。

② 与普通文件系统相同的是，HDFS 中的文件是被分成 64MB 一块的数据块存储的。

③ 不同于普通文件系统的是，在 HDFS 中，如果一个文件小于一个数据块的大小，则不占用整个数据块存储空间。

（2）元数据节点（Name Node）和数据节点（Data Node）

● 元数据节点用来管理文件系统的命名空间。

元数据节点将所有的文件和文件夹的元数据保存在一个文件系统树中。这些信息会在硬盘上被保存成以下文件：命名空间镜像及修改日志。元数据节点还保存了一个文件，包括哪些数据块应该分布在哪些数据节点上。然而这些信息并不是存储在硬盘上的，而是在系统启动时从数据节点收集而来的。

● 数据节点是文件系统中真正存储数据的地方。

客户端或者元数据信息可以向数据节点请求写入或读出数据块。数据节点周期性地向元数据节点回报其存储的数据块信息。

● 从元数据节点

从元数据节点并不是元数据节点出现问题时的备用节点，它和元数据节点具有不同的功能，其主要功能就是周期性地将元数据节点的命名空间镜像文件和修改日志合并，以防日志文件过大。这点在下面会详细叙述。合并过后的命名空间镜像文件也在从元数据节点保存了一份，以便元数据节点失效时进行恢复。

HDFS 文件读操作流程如下。

客户端（Client）用 File System 的 open()函数打开文件 Distributed FileSystem，用 RPC 调用元数据节点，得到文件的数据块信息。对于每个数据块，元数据节点返回保存数据块的数据节点的地址。Distributed FileSystem 返回 FSData InputStream 给客户端，用来读取数据。客户端调用 stream 的 read()函数开始读取数据。DFS InputStream 连接保存此文件第一个数据块的最近的数据节点。Data 从数据节点读到客户端（Client），当此数据块读取完毕时，DFS InputStream 关闭和此数据节点的连接，然后连接此文件下一个数据块的最近的数据节点。当客户端读取数据完毕时，调用 FSDatavInputStream 的 close()函数。在读取数据的过程中，如果客户端在与数据节点通信时出现错误，则尝试连接包含此数据块的下一个数据节点。失败的数据节点将被记录，以后不再连接。HDFS 文件读操作流程如图 2-4 所示。

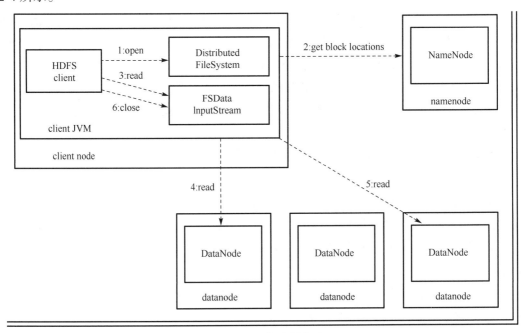

图 2-4　HDFS 文件读操作流程

客户端调用 create()函数来创建文件，Distributed FileSystem 用 RPC 调用元数据节点，在文件系统的命名空间中创建一个新的文件。元数据节点首先确定文件原来不存在，并且客户端有创建文件的权限，然后创建新文件。Distributed FileSystem 返回 DFS OutputStream，客户端用于写数据。客户端开始写入数据，DFS OutputStream 将数据分成块，写入 Data queue。Data queue 由 Data Streamer 读取，并通知元数据节点分配数据节点，用来存储数据块(每块默认复制 3 块)，分配的数据节点放在一个 pipeline 中。Data Streamer 将数据块写入 pipeline 中的第一个数据节点。第一个数据节点将数据块发送给第二个数据节点，第二个数据节点将数据发送给第三个数据节点。DFS OutputStream 为发出去的数据块保存 ack queue，等待 pipeline 中的数据节点告知数据已经写入成功。如果数据节点在写入的过程中失败，关闭 pipeline，将 ack queue 中的数据块放入 data queue 的开始。当前的数据块在已经写入的数据节点中被元数据节点赋予新的标示，则错误节点重启后能够察觉其数据块是过时的，会被删除。失败的数据节点从 pipeline 中移除，另外的数据块则写入 pipeline 中的另外两个数据节点。元数据节点则被通知此数据块复制块数不足，将来会再创建第三份备份。当客户端结束写入数据，则调用 stream 的 close 函数。此操作将所有的数据块写入 pipeline 中的数据节点，并等待 ack queue 返回成功。最后通知元数据节点写入完毕。HDFS 文件写操作流程如图 2-5 所示。

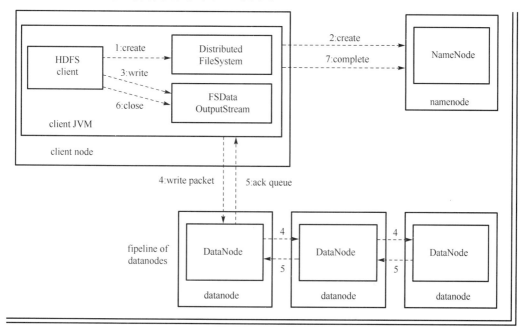

图 2-5　HDFS 文件写操作流程

HDFS 存储分析：

为了实现文件的可靠存储，HDFS 做了如下设计。

（1）冗余存储。在 HDFS 中大文件被存储为一系列的数据块，每个数据块被复制成若干个副本，存储在不同的数据节点上以保证系统的容错性。

（2）错误恢复。每个数据节点都周期性地向名字节点发送心跳数据包，当网络出现故障或者数据节点出现故障时，心跳信息无法发出，名字节点由此判断故障出现，此时名字节点会标记最近没有心跳的数据节点宕机，并不再向它们转发任何新的 I/O 请求，当数据节点宕机导致数据块复制因子低于指定位时，名字节点会复制这些数据块。

（3）集群重配平。当某个数据节点的剩余磁盘空间小于极限值时，HDFS 自动将一部分数据从此数据节点移动到另一个节点，同样，当系统对某个文件的访问很大时，HDFS 会动态增加该文件的复制数，以平衡集群的访问。

（4）数据完整性检查。HDFS 客户端从数据节点读取数据后，将对数据进行校验和检查。

（5）元数据磁盘失效。为应对名字节点失效导致的系统故障，HDFS 对名字节点的关键数据，如文件系统镜像和编辑日志进行了多份备份，以便在名字节点宕机时快速恢复到其他机器。

可见，HDFS采用了多项技术支持文件的可靠存储，这些技术在一定程度上牺牲了磁盘空间和访问效率，但对于保证系统的可靠性而言，这种牺牲是值得的。

2.2.3 键值存储系统技术

键值存储系统的目的就是存储海量半结构化和非结构化数据，以应对数据量和用户规模的不断扩展。对传统的关系数据库存储系统来说，这种目标是可望而不可及的。键值存储系统的目标并不是最终取代关系数据库系统，而是弥补关系数据库系统的不足。键值存储系统的特点如下。

在互联网飞速发展的今天，键值存储系统与关系数据库系统将共存。虽然两者都用于管理数据，但键值存储系统与关系数据库系统是完全不同的。

（1）在关系数据库系统中，数据库包含表，表包含行和列，行由各个列的数据值组成，在一个表中的行都拥有相同的策略。而在键值存储系统中，并不包含策略和关系数据库那样的表。键值存储系统一般包含域或桶，各个域或桶中包含若干条数据记录。

（2）关系数据库系统拥有良好的数据模型定义，包含策略、表的关系、事物等机制。数据之间的关系式建立在数据本身的基础上，而不是上层应用的功能和需要。在键值存储系统中，数据记录只是简单地通过一个标识来识别和获取，数据之间没有关系的概念。

（3）关系数据库系统的目的是提高数据共享能力和减少数据冗余，键值存储系统一般需要进行数据冗余以保证可靠性。

（4）关系数据库系统适用于存储传统数据，如字符、数字的存储和查询。键值存储系统适用于海量的非关系型数据的存储和查询。

总而言之，键值存储系统与关系数据库系统从根本上是不同的，键值存储系统在需要可扩展性的系统中和需要进行海量非关系数据查询和处理的环境中拥有明显优势。当前，键值存储系统在以下两个方面的效果优于关系数据库系统。

（1）键值存储系统是云计算模式的最佳搭档。云计算模式就是灵活地应对用户可伸缩性的需求。键值存储系统的可伸缩性的特点正好满足了用户的需求。如果试图把规模庞大的系统伸缩需求交给数十台甚至上百台服务器去处理，那么键值存储系统应该是一个比较好的解决方案。

（2）键值存储系统提供了相对廉价的存储平台，并拥有巨大的扩充潜力。用户通常只需根据自己的规模进行相应的配置即可，当需求增长时，配额也能随之增加。同时，键值存储系统一般运行在便宜的服务器集群上，这就避免了购买高性能服务器的昂贵开销。

与关系数据库系统相比，键值存储系统也在一些传统的数据处理上存在明显不足。例如，关系数据库的约束性保证数据在最低层次拥有完整性，违反完整性约束的数据是不可能存在于关系数据库系统中的，而键值存储系统一般都不同程度地放宽了对一致性和完整性约束的要求。键值存储系统不存在这些约束，使程序员不得不承担起确保数据完整性的重要责任。然而在实际过程中，程序员经常会犯错误，使系统出现一些Bug，这很可能引发数据完整性问题。另外，各种键值存储系统之间并没有像关系数据库系统的标准查询语言一样的标准接口，所以兼容性问题也是键值存储系统面临的一个重要挑战。

由于互联网快速发展对非关系型数据处理的需要越发强烈，业界和学术界对键值存储系统的研究投入很大，现在已经出现了多种开源系统和商业产品，表 2-2 列出了这些典型系统及其特点。这些系统的设计思路主要是满足自身应用所需的功能和要求，或者是模仿现有的一些系统实现开源。

最典型的系统是 Google 公司开发和实现的 Bigtable 系统，以及 Amazon 公司开发和实现的 Dynamo 系统。其他的许多系统都以这两个系统作为蓝本进行研究和设计，并设计出了适合其自身需要的系统。

表 2-2　当前主要键值存储系统及其特点

项目名称	开发语言	容错性	持久存储介质	数据模型
Project Voldemort	Java	分区、复制、read-repair	Pluggable，Berkley DB，Mysql	blob
Ringo	Erlang	分区、复制	Custom on-disk（append only log）	blob
Scalaris	Erlang	分区、复制 Paxos 协议	In-memory only	blob
Kai	Erlang	Erlang	On-disk dets file	blob
Dynomite	Erlang	Erlang	Pluggable，couch，dets	blob
Memcache DB	C	复制	Berkley DB	blob
Thru DB	C++	复制	Berkley DB，MySQL，S3	Document oriented
Couch DB	Erlang	分区、复制	Custom on-disk	Json Documenoriented（json）
Cassandra	Java	分区、复制	Custom on-disk	Bigtable meets Dynamo
HBase	Java	分区、复制	Custom on-disk	Bigtable
Hypertable	C++	分区、复制	Custom on-disk	Bigtable
Tokyo Tyrant	C	复制	Tokyo Cabinet	blob

表 2-2 中的这些键值存储系统从系统架构和数据模型上可以分为以下三种。

（1）类 Bigtable 系统。如 Hypertable、HBase 等都是 Bigtable 的开源实现。这类系统在架构上都实现了文件存储和数据管理的分层模型。Bigtable 包含一个文件存储系统（GFS），并在 GFS 的基础上构建了 Bigtable 系统，Bigtable 系统只是管理数据逻辑，并不关心数据的具体存储。这类系统将数据存储和数据的描述、处理分在两个逻辑层次上，并且具有较为完备的数据模型，也是与传统关系数据库最接近的系统。同时，由于这类系统将文件分层使系统的容量具有较好的可扩展性。上层的数据管理系统实现较简单。

（2）类 Dynamo 系统。Dynomite、Project Voldemort 等都采用了与 Dynamo 差不多的环架构，这种环架构与 Chord 等这些 DHT 的环架构有所不同，在这些系统中，各个节点之间基本上都是全相关的，所以不存在漫长的路由过程。此外，这类键值存储系统的数据模型比较简单，与类 Bigtable 系统相比，这类系统只提供了最基本的数据访问方式。

（3）内存数据库系统。严格地讲，这类系统应该被看成缓存系统，主要提供快速的查询响应，如 Memcache DB。这类系统不能提供数据的持久存储功能。

从键值存储系统设计目标来看，又可以把这些系统分为以下三类。

（1）强调读/写性能的键值存储。典型代表是 Redis、Tokyo Cabinet 等。这类系统的设计是以速度或快速响应时间为目标。一般来讲，这类系统都有较高的系统吞吐率。但是这类系统的可扩展性、存储容量等存在一些限制，比较适合作缓存系统，其应用范围一般比较狭小。

（2）强调对海量非关系数据的存储能力的键值存储。Mongo DB、Couch DB 是这种系统的典型代表。这类键值存储系统解决的是非关系海量数据的存储和比较良好的查询性能，读/写性能不高，但是系统的存储容量的扩展性很好。

（3）强调高可扩展性和可用性并面向分布式计算领域的键值存储。如 Cassandra、Project Voldemort、Bigtable。这类键值存储系统一般是具有很强可扩展性的分布式系统，可扩展能力强。例如，可以动态地增加、删除数据节点等。Cassandra 常常被看成一个开源版本的 Bigtable，其具有 Bigtable 的数据模型和 Dynamo 的环架构。

从功能来看，键值存储系统又可以被分为支持简单的键值查询功能的系统和具有复杂功能的系统。类 Bigtable 系统或者使用了与 Bigtable 类似的数据模型系统一般都更接近于传统的数据库系统，这类系统提供了更多的操作接口。类 Dynamo 系统只是提供了键到值的简单访问，提供的功能有限，将复杂的数据处理功能交给了上层应用程序。

2.3　资源管理技术

2.3.1　资源的统一管理

资源管理主要针对所有物理可见的网元设备，包括服务器、存储、网络（设备、IP、VLAN）、物理介质、软件资源及经虚拟化技术形成的资源池（计算资源、存储资源、网络资源、软件资源）进行抽象和信息记录，并对其生命周期、容量和访问操作进行综合管理，同时对系统内重要配置信息进行发现、备份、比对和检查等。

对于物理可见的网元设备和软件，按其类型可分为服务器类资源设备（包括计算服务器等）、存储类资源设备（包括 SAN 设备、NAS 设备等）、网络类资源（包括交换机和路由器等）、软件类资源等。对于服务器类资源设备，实现对服务器设备的自动发现、远程管理、资源记录的创建、修改、查询和删除，以及物理机容量和能力的管理。对于存储类资源设备，为上层服务提供数据存储空间（包括文件、块和对象）的生命周期管理接口，为存储空间的提供者（存储设备）提供信息记录和综合管理。对于网络类资源，提供对路由器、交换机等网络设备的查询和配置管理。对于软件类资源，获取和管理软件名称、软件类型、支持操作系统类型、部署环境、安装所需介质、软件许可证等信息。

资源池是指将多个具有相同能力（相同厂商同种功能的设备或者具有同种参数的设备）的资源组合，根据服务实例的需求可划分为计算资源池、存储资源池、网络资源池和软件资源池。

（1）对计算资源池的管理，包括对资源池的创建、修改、查询和删除，容量管理，资源定位，相关信息的收集和生命周期管理。

（2）对存储资源池的管理，包括对资源池的创建、修改、查询和删除，容量管理，生命周期管理，资源定位和相关信息的收集。

（3）对网络资源池的管理，包括资源池的创建、修改、查询和删除，容量管理，生命周期管理，相关信息的收集，网络资源定位，将 IP 地址或域名等虚拟资源包装为资源池，动态创建和释放 VLAN。

（4）对软件资源池的管理，包括软件类资源池的创建、修改、查询和删除，容量管理，生命周期管理，软件资源定位和相关信息的收集。

另外，管理模块还需将数据中心的各类资源与系统域关联起来。所涉及的资源包括物理资源、各类资源池、系统策略、IP 地址池等。

2.3.2 资源的统一监控

资源监控是保证运营管理平台流程化、自动化、标准化运作的关键模块之一。它利用下层资源管理模块提供各类参数，进行有针对性的分析和判决后，为上层的资源部署调度模块提供必要的输入，是实现负载管理、资源部署、优化整理的基础。一般认为，资源监控包括故障监控、性能监控和自动巡检。

（1）故障监控。屏蔽了不同设备的差别，对被管资源提供故障信息的采集、预处理、告警展现、告警处理等方面的监控。首先，可以对物理机、虚拟机、网络设备、存储设备、系统软件主动发出的各种告警信息进行分析处理；其次，可以对系统主动轮询采集到的KPI 指标，定义各种告警类型、告警级别、告警条件，支持静态门限值和动态门限值，同时以告警监视窗口、实时板等多种告警方式展现。另外，支持告警确认、升级等功能，并能把特定级别的告警信息转发给上一级管理支撑系统。

（2）性能监控。对采集到的数据进行分析、优化和分组，并以图表等形式进行呈现，让管理员在单一界面对虚拟化环境中的计算资源、存储资源和网络资源的总量、使用情况、性能和健康状态等信息有明确、量化的了解，同时还可以为其他模块提供相关监控信息。

（3）自动巡检。对每天登录资源进行例行检查的工作，实现任务的自动执行和巡检结果的自动发送。

对于不同类型的资源，监控的指标或方法是不同的。对于 CPU 而言，通常关注 CPU 的使用率；对于内存而言，除使用率外，还会监控读/写操作；对于存储而言，除使用率、读/写操作外，各节点的网络流量还需要监控；对于网络，需要对输入/输出流量、路由状态进行监控；对于物理服务器，需要对功耗等进行监控。

2.3.3 资源的统一部署调度

资源的部署调度是通过自动化部署流程将资源交付给上层应用的过程，该过程主要分为两个阶段。首先，在上层应用发出需要创建相应基础资源环境需求流程时，资源部署调度模块进行初始化的资源部署；其次，在服务部署运行中，根据上层应用对底层基础资源的需求，在过程中进行动态部署与优化。调度管理实现弹性、按需的自动化调度，根据服务和资源指定调度策略，自动执行操作流程，实现对计算资源、网络、存储、软件、补丁等进行集中的自动选择、部署、更改和回收功能。具体部署调度内容如下。

（1）对于计算资源的部署调度，主要指集中控制、批量自动化安装，结合设备厂商提供的部署工具，控制服务器的引导过程，允许用户预定义安装服务器所需要的配置模版，如 IP 地址、主机名、管理员口令、磁盘分区、安全设置、操作系统部件等。

（2）对于网络资源部署调度，主要指通过统一的网络配置部署平台对复杂的、多供应商的网络基础环境的自动配置和管理，实现端到端的自动化。实现控制和检查整个网络基础结构中的配置变更，集中定义、核查、强制执行网络安全政策及配置规范相关的合规性。

（3）对于存储资源的部署调度，主要指多个供应存储环境中的自动配置和管理，实现端到端的自动化。根据设备的管理方式采用直接对设备的配置操作或者集成存储厂商的设备管理工具，实现对存储的统一配置管理。

（4）对于软件的部署调度，主要指对数据库、中间件、Web 服务器、用户子开发应用等的自动生成安装。另外，对软件的部署调度还具备回滚功能，如在软件安装失败后，可回滚以恢复环境。

（5）对于补丁的部署调度，主要指以联机或脱机的方式获取各厂家最新的补丁信息，从而对系统当前的补丁进行分析，推荐应该安装的补丁。在导入补丁后，根据补丁的平台自动生成补丁安装指令。

另外，部署调度模块还可以根据惯例策略利用流程调度引擎对服务到期、服务种植、欠费客户的计算资源和网络资源进行回收，包括关闭虚拟机或物理机，回收 VPN 使用的 IP、公网 IP、虚拟交换机，取消与之相关的存储资源、负载均衡设备、交换机等相关配置，并更新资源库的信息，具体回收的操作需要集成设备的管理能力。

2.3.4 负载均衡

负载均衡是资源管理的重要内容，在管理和维护数据中心时应做到负载均衡，以避免资源浪费或形成系统瓶颈。负载不均衡主要体现在以下 4 个方面。

（1）同一服务器内不同类型的资源使用不均衡。如内存已经严重不足，但 CPU 利用率仅为 10%。这种问题的出现多是由于在购买和升级服务器时没有很好地分析对资源的需求。对于计算密集型应用，应配置高主频 CPU；对于 I/O 密集型应用，应配置高速大容量磁盘；对于网络密集型应用，应配置高速网络。

（2）同一应用不同服务器间的负载不均衡。Web 应用往往采用表现层、应用层和数据层的三层架构，三层协同工作处理用户请求。同样的请求对这三层的压力往往是不同的，因此要根据业务请求的压力分配情况决定服务器的配置。若应用层压力较大而其他两层压力较小，则要为应用层提供较高的配置；若仍然不能满足需求，则可以搭建应用层集群环境，使用多个服务器以平衡负载。

（3）不同应用之间的资源分配不均衡。数据中心往往运行着多个应用，每个应用对资源的需求都是不同的，应按照应用的具体要求来分配系统资源。

（4）时间不均衡。用户对业务的使用存在高峰期和低谷期，这种不均衡具有一定的规律，如对于在线游戏来说，晚上的负载大于白天的，白天的负载大于深夜的，周末和节假日的负载大于工作日的。此外，从长期来看，随着企业的发展，业务系统的负载往往呈上升趋势。与前述其他情况相比，时间不均衡有其特殊性，即时间不均衡不能通过静态配置的方式解决，只能通过动态调整资源来解决，这给系统的管理和维护工作提出了更高的要求。

总之，有效的资源管理方式能够提高资源利用率，合理的资源分配能够有效地均衡负载，减少资源浪费，避免系统瓶颈的出现，保障业务系统的正常运行。

HDFS 中对于数据也进行了负载均衡。例如，在复制数据块时，采用分散部署的策略，当复制因子=3 时，在本地机柜的相同数据节点放置一个副本，在本地机柜的不同数据节点放置另一个副本，在不同机柜的相同数据节点再放置一个副本，以提高数据块的读/写均衡，且保证数据的可靠性。另外，当系统中因为数据节点宕机导致复制因子过小，以及出现访问文件热点时，系统会自动进行数据块复制，以保证系统的可靠性和数据均衡。此外，HDFS 在读/写数据时，需采用客户端直接从数据节点存储数据的方式，以免单独访问名字节点造成性能瓶颈。

2.4 云计算中的编程模型

2.4.1 分布式计算

1. 分布式计算的概念

分布式计算是一门计算机科学，研究如何把一个需要非常巨大的计算能力才能解决的问题分成许多小的部分，并由许多相互独立的计算机进行协同处理，以得到最终结果。分布式计算让几个物理上独立的组件作为一个单独的系统协同工作，这些组件可能指多个 CPU，或者网络中的多台计算机。分布式计算做了如下假定：如果一台计算机能够在 5s 内完成一项任务，那么 5 台计算机以并行方式协同工作时就能在 1s 内完成。实际上，由于协同设计的复杂性，分布式计算并不都能满足这一假设。对于分布式编程而言，核心的问题是，如何把一个大的应用程序分解成若干个可以并行处理的子程序。有两种可能的处理方法：一种是分割计算，即把应用程序的功能分割成若干个模块，由网络上的多台计算机协同完成；另一种是分割数据，即把数据集分割成小块，由网络上的多台计算机分别计算。对于海量数据分析等数据密集型问题，通常采取分割数据的分布式计算方法；对于大规模分布式系统，则可能同时采取这两种方法。

2. 分布式计算的基本原理

大量分布式系统通常会面临如何把应用程序分割成若干个可并行处理的功能模块，并解决各功能模块间协同工作的问题。这类系统可能采用以 C/S 结构为基础的三层或多层分布式对象体系结构，把表示逻辑、业务逻辑和数据逻辑分布在不同的机器上，也可能采用 Web 体系结构。基于 C/S 架构的分布式系统可借助 CORBA、EJB、DCOM 等中间件技术解决各功能模块间的协同工作问题。基于 Web 体系架构或称为 Web Service 的分布式系统，则通过基于标准的 Internet 协议支持不同平台和不同应用程序的通信。Web Service 是未来分布式体系架构的发展趋势。对于数据密集型问题，可以采用分割数据的分布式计算模型。MapReduce 是分割数据型分布式计算模型的典范，在云计算领域被广泛采用。

2.4.2 并行编程模型

为了使用户能更轻松地享受云计算带来的服务，让用户利用编程模型编写简单的程序来实现特定的目的，云计算上的编程模型必须十分简单，必须保证后台复杂的并行执行和任务调度对用户和编程人员透明。

云计算大部分采用 MapReduce 的编程模型。目前，大部分 IT 厂商提出的"云"计划中采用的编程模型，都是基于 MapReduce 的思想开发的编程工具。MapReduce 不仅是一个编程模型，还是一个高效的任务调度模型。MapReduce 这种编程模型不仅适用于云计算，在多核和多处理器、cell processor 及异构机群上也同样具有良好的性能。该编程模型仅适用于编写任务内部松耦合、能够高度并行化的程序。如何改进该编程模型，使程序员轻松地编写紧耦合的程序，运行时能高效地调度和执行任务，是 MapReduce 编程模型未来的发展方向。

1. MapReduce 的概念

MapReduce 是 Google 开发的 Java、Python、C++编程模型，它是一种简化的分布式编程模型和高效的任务调度模型，用于大规模数据集（大于 1TB）的并行计算。严格的编程模型使在云计算环境下的编程十分简单。MapReduce 模型的思想是将要执行的问题分解成 Map（映射）和 Reduce（归约）的方式，先通过映射程序将数据切割成不相关的区块，分配（调度）给大量计算机处理，达到分布式运算的效果，再通过归约程序将结果汇总并输出。

MapReduce 是一种分布式编程模型，它以数据为中心，把数据分割成小块供网络上的多台计算机分别计算，而后对计算结果进行汇总并得出最终结论。MapReduce 提供了泛函编程的一个简化版本，与传统编程模型中函数参数只能表示明确的一个数或数的集合不同，泛函编程模型中函数参数能够表示一个函数，这使泛函编程模型的表达能力和抽象能力更高。在 MapReduce 模型中，输入数据和输出结果都被视作有一系列键/值对组成的集合，对数据的处理过程，就是映射和归约过程，映射过程将一组键/值映射成另一组键/值，归约是一个归约过程是把具有相同键值的键/值对合并在一起。MapReduce 模型简单，并能满足绝大多数网络数据分析工作，因此被 Google、Hadoop 等云计算平台广泛采用。基于 MapReduce 的分布式系统隐藏了并行化、容错、数据分布、负载均衡等复杂的分布式处理细节，提供简单的接口来实现自动的并行化和大规模分布式计算，从而在大量普通计算机上实现高性能计算。在这些系统里，用户指定 map 函数对输入的键/值集进行处理，形成中间形式的键/值集；系统按照键值把中间形式的值集中起来，传给用户指定的 reduce 函数；reduce 函数把具有相同键值的键/值对合并在一起，最终输出一系列的键/值对作为结果。

2. MapReduce 模型的重要性

MapReduce 是最早由 Google 提出的一项分布式编程模型，用于数据量较大的计算。它借鉴了 Lisp 等函数编程语言的思想，把对数据的处理归结为映射和归约两个操作。Google 最初将其应用在内部海量的 Web 页面索引上，在效率和健壮性上取得了极大的成功。实际上，MapReduce 是一种简化的并行计算编程模型，这对于程序员而言具有重要的意义。随着互联网数据的急剧增长，程序员面临越来越多的大数据量计算问题，处理这类问题的主要方法是并行计算，然而并行计算是一个相对复杂的技术，不易掌握。MapReduce 的出现降低了并行应用开发的入门门槛，它隐藏了并行化、容错、数据分布、负载均衡等复杂的分布式处理细节，使程序员可以专注于程序逻辑的编写。MapReduce 使并行计算得以广泛应用，是云计算的一项重要技术。

3. MapReduce 的执行

MapReduce 是一种处理和产生大规模数据集的编程模型，程序员在 map 函数中指定对各分块数据的处理过程，在 reduce 函数中指定如何对分块数据处理的中间结果进行归约。用户只需要指定 map 和 reduce 函数来编写分布式的并行程序。当在集群上运行 MapReduce 程序时，程序员不需要关心如何将输入的数据分块、分配和调度，同时系统还将处理集群内节点失败及节点间通信的管理等。图 2-6 给出了一个 MapReduce 程序的具体执行过程。

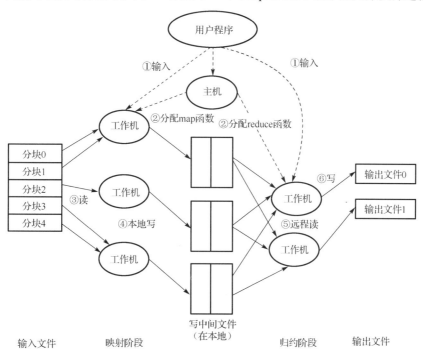

图 2-6　一个 MapReduce 程序的具体执行过程

从图 2-6 可以看出，执行一个 MapReduce 程序需要 5 个步骤：输入文件、将文件分配给多个工作机并行地执行、写中间文件（本地写）、多个 Reduce 工作机同时运行、输出最终结果。本地写中间文件在减少了对网络带宽压力的同时，减少了写中间文件的时间耗费。在执行 reduce 函数时，根据从主机获得的中间文件位置信息，reduce 函数使用远程过程调用，从中间文件所在节点读取所需的数据。MapReduce 模型具有很强的容错性，当工作机节点出现错误时，只需将该工作机节点屏蔽在系统外等待修复，并将该工作机上执行的程序迁移到其他工作机上重新执行，同时将该迁移信息通过主机发送给需要该节点处理结果的节点。MapReduce 使用检查点的方式来处理主机出错失败的问题，当主机出现错误时，可以根据最近的一个检查点重新选择一个节点作为主机，并由此检查点位置继续运行。

MapReduce 仅为编程模型的一种，微软提出的 DryadLINQ 是另外一种并行编程模型，它局限于 .NET 的 UNG 系统的同时并不开源，这也就限制了它的发展前景。

MapReduce 作为一种较为流行的云计算编程模型，在云计算系统中应用广泛。但是基于它的开发工具 Hadoop 并不完善，特别是其调度算法过于简单，判断需要进行推测执行的任务的算法造成过多任务需要推测执行，降低了整个系统的性能。改进 MapReduce 的开发工具，包括任务调度器、底层数据存储系统、输入数据切分、监控"云"系统等方面是将来一段时间的主要发展方向。

2.5 集成一体化技术

一体化的趋势由来已久，但"开创"者倒是可以视为思科系统公司（以下简称为思科）。思科在推出 UCS 产品之后，极大地动摇了整个产业链"和平共处"的基础。IT 领域各个巨头都开始行动起来，大家的目标只有一个——一体化。

近年来，无论是 IBM 还是甲骨文、赛门铁克，抑或是曙光、浪潮等，国内外的 IT 厂商巨头纷纷推出一体化的产品和方案。分析其中原因，不外乎是企业级用户需求因云计算与大数据两个层面的变化。

2.5.1 用户需求催生一体化

在 2012 年中国存储峰会的高峰论坛上，Gartner 公司大中华区首席存储分析师张瑾分析认为："一体化"的趋势不是从存储开始的，实际上是从服务器、网络领域的一体化开始的。最初应该是更接近云的起步阶段，主推"一体化"战略的几个硬件厂商，面临着从普通原始传统的计算变成云计算的一种压力，即用户有可能把更多硬件的投资转向服务，也就是说，会把云计算的硬件变成消费品，所以硬件厂商需要拿出一个新的解决方案，来重新抓住市场的主动权。

但是这种情况与存储一体化又不太一样，张瑾进一步分析说："存储的一体化，尤其是像备份和容灾，包括赛门铁克和爱数所涉及的一体化解决方案，更多的是来自用户方，即很多用户希望得到一个盒子能解决所有的备份和容灾问题。实际上存储的一体化，包括备份和容灾，如果追溯到更早的话，则包括虚拟化，实际上这也是一体化的解决方案。其实放在 20 世纪 90 年代，NAS 就是一体化解决方案，最开始还有其他的叫法，实际上就是一体化，针对存储文件的一个设备。这个历史在不断地重演，以后下一代的一体化解决方案，很有可能会成为一种业界标准，一种通用的产品形式。"

在谈到一体化的话题时，中国计算机学会存储专业理事会主任委员方粮表示："云计算和云存储，包括一体化，都是为了一个共同的方向，用户对数据的存储和使用可以更方便，使得能达到目的方面更直接一些。比如，从云计算开始，大家只需要去使用这个计算资源，而不需要去维护一个很大的计算中心。那么，就存储而言，也是这样，云存储的概念就是把底层的一些管理和服务全部都交给云服务中心，用户使用起来像用电用水一样，方便使用这个存储资源。从 20 世纪 90 年代开始，存储发展得非常快，一直发展到目前的最新一体机，借助一体化设备，用户在使用云存储的数据资源方面更加便捷。集成了大家所必需的资源，从搭建到使用、维护方面更加方便，以更低的价格获得更多的效能，这个趋势是明显的"。

可见，为什么现在很多厂商想采用一体化的结构为用户提供更便捷、更易于部署的方案，其中最直接的目的就是为了满足用户的需求。

2.5.2　用户在云环境下对存储的需求

在云环境下，用户对存储的新需求主要体现在：① 数据量特别大，而且要可扩散，因为数据是不断增加的；② 在云环境下，对性能的要求更高；③ 对网络安全要求更高；④ 用户需要高效的存储。

如何提高存储的效率，从当初的 NAS 存储到后来的集群存储，诸如 Google 这种采用网络服务器来进行存储，有它的好处，即并行计算能力比较强。采用这种方式，在每个用户节点上，虽然有处理功能和通信功能，但是却很弱，需要依靠大的规模。现在要使单个节点功能增强，要把处理功能、存储功能、通信功能和管理功能放在一起，那么，把分布式存储的每个节点功能加强，就呈现出一个智能时代的存储，这就是一体机。沿着这样的思路，不断横向扩展。在此基础上，可以进一步做很多虚拟化、分层、高性能管理，加上通信功能。可见，一个可扩展的、增强型的节点更适合于云计算环境下用户的存储和计算需求。

2.6　自动化技术

2.6.1　自动化技术与云计算

类似于 Google 的云技术，一般的云都是由成百上千台，甚至是由几十万台计算机组成的。因此，要把分布在不同地理位置上的众多计算机资源集中起来协调工作，并充分发挥作用，这些工作单靠人工是不可能完成的。也就是说，只有采用自动化的控制技术，由计算机通过相关的自动化控制软件来进行自我协调、管理和完成，这样才能满足云计算技术的要求。所要做的则是充分了解这些复杂的、与相互依赖的用于管理和控制云计算机集群的自动化软件，并充分了解这些软件所能提供的相关服务。特别是在大型数据中心的应用中，更要能了解这些技术，跟踪和监视这些技术，并且确定这些技术所产生的效果；能够为访问和使用这些技术制定出相应的标准，让多种不同的技术有效、协调地工作，为用户提供高水平的、可靠的和经济的服务。

事实上，自动化技术在通过控制日益增长的复杂性、优化云计算环境方面发挥了非常重要的作用。因此，作为提供云服务的企业必须要认识到虚拟化、云计算和数据中心自动化之间的相互关系，并统一起来管理。充分利用自动化技术和设备最大限度地减少人工与设备的投入，从而实现计算资源的低成本。同时，通过自动化技术和设备不断更新云端的计算机，确保云具有更加长效的生命周期。因此，自动化是可持续的、可伸缩的云计算商业模式的关键。

2.6.2 数据中心自动化

随着 IT 领域继续向面向服务的未来发展，焦点继续集中在虚拟化、计算和计费模式等方面。不过，这个组合中漏掉了自动化技术。目前，有业界专家指出，自动化技术是任何云计算基础设施的基础，任何云计算产品就好像一把只有"三条腿的凳子"。这"三条腿"分别是虚拟化、SOA（面向服务的架构）和自动化。无论它是存储虚拟化、服务器虚拟化还是什么虚拟化，虚拟化对于云计算的概念是非常重要的。而 SOA 的概念提供了随需应变的服务所需要的动态机制和灵活性。这"第三条腿"就是数据中心自动化，带来了实时的或者随需应变的基础设施管理能力，并通过在后台有效地管理资源实现。虽然一些厂商和批评人士把云计算当作老想法和老的计算模式的重复而不予理睬，但是，这些批评是不准确的。云计算的真正性质是采用 SOA、虚拟化和数据中心自动化。

第3章

云计算架构

云计算平台中的所有软件都是作为服务来提供的，需要支持多租户，需要提供伸缩能力，需要采用特定的架构才能够胜任，特别是基于服务的软件架构。服务可分成不同层级，服务的发现和提供方式可以不尽相同，服务本身所具有的各种功能及属性也可以不尽相同。

3.1 云计算的本质

3.1.1 革命性概念：IT 作为服务

云计算将所有 IT 资源包装为服务予以销售，也就是所谓的"IT 作为服务"。绝不可轻看"IT 作为服务"这个概念。即使在主机时代也是如此，但"IT 作为服务"这种理念仍然具有颠覆性的特点。因为我们大部分人已经习惯拥有自己的 IT 资源，对 IT 资源由别人拥有这种模式抱有潜意识的抵触情绪。不过，如果仔细分析这个问题，我们就会发现，"IT 作为服务"是顺理成章的一种自然演变。

在《大转换：重连世界，从爱迪生到 Google》一书中，作者尼古拉斯·卡尔（Nicholas Carr）说："对于任何的通用技术来说，由于它可以被任何人用来做任何事情，如果能够将这种技术的供应集中起来，就能形成巨大的规模经济效应"。

对于蒸汽技术来说，由于蒸汽难以远程传输，只能本地供给。但对于电能和 IT 资源来说，都可以集中起来并通过远程传输来进行供应。因为发电厂的出现，人们放弃了自有的发电机；因为云计算供应商的出现，人们放弃了自有的 IT 资源。既然没有人觉得电能控制在别人手上而感到不安，那也没有必要因为 IT 资源掌握在他人手上而感到不安。事实上，让每个人每天与发电机打交道，绝对不是什么开心的事情。如果有人提出要每个人拥有自己的发电机，读者一定会觉得非常奇怪，甚至匪夷所思。但为什么有人说每个人都需要拥有自己的 IT 资源，就不会觉得奇怪呢？这显然是惯性思维在作怪。

不过，将 IT 资源集中化需要新的技术和新的商业模式来支持。而云计算恰恰是新的技术范式和新的商业模式的一种结合体，自然顺应了历史潮流。

3.1.2　云计算系统工程

云计算的商业模式、计算范式和实现方式为人们带来的是一种使用 IT、交互 IT、看待 IT 的全新感受。云可以实现和发挥 IT 领域及与其有关的所有事情。但这只是云计算的一部分，人类的生存方式也会受到云计算的深远影响。云的出现不只是一种计算平台转换，同时它也将改变人们工作和公司运营的方式。云计算不只影响着社会的各个行业，甚至会产生各种伦理道德乃至政治问题。

云使大部分人更平等了，它打开的是新机会；它让个人或小众能够触达巨大的用户群；它让普通的开发人员在花很少费用的情况下可以使用一流的 IT 架构和资源，并随着公司的壮大而不断增加资源的用量。在云计算的世界里，每个人都可以随时发布软件到云端，从而到达难以估计的潜在客户；不必支付高昂资金，就可以在非常先进的云平台上获得自己的地位；不必关心设备与用户所处的位置，更免于对平台进行配置（所谓的系统配置要求）；部署在云端的软件可以同时供多个租户使用；云供应商的强大架构和能力让部署在上面的应用程序具有自然的可靠性和可用性；云平台的弹性资源供给为应用程序提供了伸缩能力，从而能够应对需求的暴增和暴跌；云资源的按需增长使任何企业都能得到持续发展。

云计算是信息技术的"系统工程"。好的组织需要优秀的管理者，而云计算将大量计算资源组织在一起，共同工作，那么云计算需要给出一种针对大规模系统的科学管理办法。这种办法能够解决资源组织管理过程中的各种问题。例如，在增加节点、扩大系统规模的同时，还能保证系统性能的近线性提高。在系统可能出问题的情况下，保证系统整体的稳定运行。在面临不同的业务需求时，快速重新组织资源，以新的架构适应变化。这些都要求云计算创新性地将各种技术组织起来，"调和"实现各种功能，即所谓的"系统工程"。

众所周知，系统与其对应的环境保持着某种程度的质能和信息的交换。一个庞大的信息系统内部会产生多种变化，外部的需求和环境也随之而改变，所以整个系统必须不断自我管理和调整以应对变化。反映在应用层面，则是指大量计算资源组织在一起，必须通过系统内部资源的整合来支撑各种应用。云计算平台具有六大技术思想：弹性、透明、模块化、通用、动态和多租赁，它们决定了云计算平台可以通过虚拟化技术整合各类软硬件资源，可以借鉴分层抽象的理念实现系统和硬件层面的松耦合，进行计算、存储和应用的自由调度，以及可以通过负载均衡等方法解决问题。

如同积木之间可随意拼接的松耦合性，在一个高弹性可迁移的体系架构下，可以利用工作流引擎等方式，云计算平台可实现硬件资源和应用模块的动态调用。在这种模块化的技术思想下，云计算平台可以将资源和模块重新组合，快速形成新的流程来应对业务需求变化。这样，企业在业务转型或业务拓展时，若需要底层 IT 系统提供信息化支持，则只需明确业务流程，就能快速实现业务系统的重构，为业务革新带来新的可能。

可以说，云计算扩大了对服务的定义，引入了全新的计算资源管理思路和信息技术的系统工程理念。

3.1.3 云数据中心

云计算是将所有联网的计算和存储资源聚集起来形成规模效应为核心目标的。而就目前形势来看，将位于不同机构或行政区里面的计算资源聚集起来存在着种种困难，故而以前的云计算都采用了折中的方法，即用来构建云计算的节点并非跨越行政管理区，而是由统一的一家机构所掌握。管理这些节点的机构通常将所有用来提供云计算的节点放置在同一个地方，形成所谓的数据中心，支持云计算的数据中心就称为云数据中心。

目前，云数据中心的构造主要有两种模式，一种是传统模式，即建机房、布线、放置机器，然后连接起来。国内外现有的数据中心大多是这种模式，微软的都柏林数据中心采取的也是这种模式。这种数据中心一般因为建筑机构的承载限制，通常服务器数量不会过多，面积也不会太大。例如，微软的都柏林数据中心占地只有 2.7 万平方米。

还有一种数据中心是基于集装箱的数据中心。这种模式由 Google 公司首创，使用集装箱作为机房，每个集装箱里有上千台服务器，最多可达 2500 台，集装箱可以叠起或并排放置，集装箱之间通过线缆连接形成巨大的数据中心。例如，Google 公司位于美国爱达荷州的一个数据中心就由数百个集装箱组成，一个典型的集装箱数据中心如图3-1所示。

云数据中心建设中需要考虑的问题包括持续性问题、能耗问题、安全性问题、冷却问题、出入带宽问题、管理问题等诸多方面。每个问题都具有相当的复杂性。通常来说，数据中心都配备有某种自动化管理机制，能够自动检测和定位有故障的机器，并自动启动和关闭等。

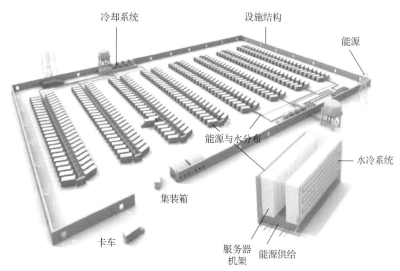

图 3-1　一个典型的集装箱数据中心

3.1.4 云的工作负载模式

云计算有自己适合的工作负载模式。如果用户使用下面这几种 IT 资源模式，那么利用云计算将具有巨大的优势。

模式 1：时开时停模式

用户在时开时停这种工作负载模式下使用 IT 资源的方式也不是连续的。使用一段时间，之后停止一段时间，如图 3-2 所示。在该模式下，如果自己拥有所有的 IT 资源，则在工作停歇阶段时这些 IT 资源将处于闲置状态，造成资源浪费。而使用云计算，因为按照用量计费，停歇时段不必付费。而云供应商凭借其巨大的客户群、优良的调度技术，可以将这些闲置资源调度给其他客户使用，避免浪费。

用户在这种模式下使用云时，需要考虑的一个因素是停歇时段的长度，若这个长度很短，则使用云计算的价值将下降；若停歇时段与使用时段的比值非常低，则拥有自己的 IT 资源可能更加方便。毕竟，从提出请求到云供应商把资源调度出来并配置好，还是需要一段时间的。

对于很多个人用户和小型企业来说，IT 资源的用量基本上呈现时开时停模式。

模式 2：用量迅速增长模式

在该工作负载模式下，用户使用 IT 资源随着时间的推移，其用量不断增长，如图 3-3 所示。这是经营良好的初创公司常见的模式。

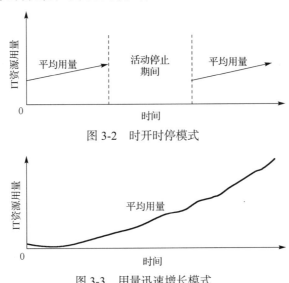

图 3-2 时开时停模式

图 3-3 用量迅速增长模式

在用量迅速增长模式下，若初创公司自己拥有并管理 IT 资源，需要不断地进行采购、配置和管理。由于采购存在时间上的延迟，有可能对业务形成钳制效应，阻碍业务的发展。用户可以提前采购和配置设备以消除资源对业务的钳制效应，但需要付出超前消费的代价。

但是若使用云计算，则用户就可以在无须超前消费的情况下，避免资源有限对业务的钳制。云供应商凭借其巨大的 IT 资源池和弹性调配资源的能力，可以随着用户资源用量的增加随时增加资源的供给，提供不间断的资源扩展，从而达到资源的按需供给，为企业扩展提供后勤保障。

模式 3：瞬时暴涨模式

在瞬时暴涨模式下，用户平时的一般时段使用资源用量都相对稳定和平均，但会在特定时间点上出现用量的暴涨和暴跌，如图 3-4 所示。

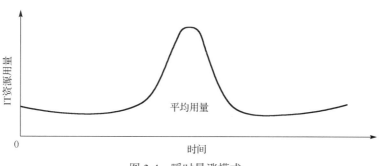

图 3-4　瞬时暴涨模式

这种暴涨可能是可以预测的，也可能是不可预测的。若用户自己拥有并管理 IT 资源，则很可能在出现需求的突然暴涨时因 IT 资源不足而业务瘫痪。即使在暴涨可以预测的情形下，为了应付需求暴涨，往往购买配置大量的 IT 资源，但这些资产在平时没有用处，仍会造成巨大的浪费。

如果使用云计算，那么这个问题便迎刃而解。云供应商的巨大 IT 资源池和弹性调配资源的能力可以保证在用量暴涨时迅速增加资源供给，而在之后自动撤出这部分资源。这样，用户既不需要购买大量的设备，又可以在需要时取得所需的资源。目前，电商网站、订票网站等都可能遇到这种用量模式。

模式 4：周期性增减模式

在周期性增减模式下，用户的 IT 资源用量呈现周期性的增长和削减，如图 3-5 所示。在此种负载模式下，若用户自己拥有 IT 资源，则不可避免地陷入资源浪费或业务丢失的困境；若按照波峰配置资源，则在波谷时段将出现大量的资源闲置和浪费；若按照平均用量配置资源，则波峰时段的业务将丢失，而这又可能导致客户的流失。

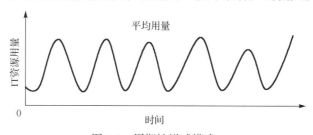

图 3-5　周期性增减模式

若使用云计算，则问题将迎刃而解。云计算的资源弹性调配可以让用户随时获得资源。对于周期性的 IT 资源用量变动，用户还可以利用云环境所提供的自动伸缩能力来预先调配。

上述 4 种负载覆盖了绝大部分的 IT 资源用量模式。而对于那些极少数不符合这些用量模式的用户，云计算也照样适用。例如，对于 IT 资源用量处于恒定状态的用户来说，也可以使用云供应商的资源。只是使用云计算的主要优势已经不是资源的利用率问题，而是其他诸如可用性、可靠性和设备的升级等问题。

3.1.5　云计算的规模效应

2007 年，Amazon 公司做了一个有趣的案例分析。该案例设置的假想场景为：一个机构需要大量的存储容量，需要为此设计一个存储解决方案。Amazon 公司的 ShareThis 团队为此考虑了以下三种情景。

情景 1：构建自己独享的存储框架，如存储区域网。

情景 2：购买网络存储设备。

情景 3：使用基于云的 Amazon 公司的 Web 服务 AWS。

在前面两种情景中，都存在时间和成本的付出。而在情景 3 中，AWS 消除了时间和成本的限制。AWS 的成本之所以低廉，主要是因为其规模优势。

云计算的规模效应有多大呢？美国商务部的统计数据显示，对于自有 IT 资源的企业，2000 年花费在资本设备上的 IT 预算为总预算的 45%，但其服务器的平均利用率只有 6%，显然非常得不偿失。在实际生活中，服务器的利用率一般为 5%～20%。

然而这种低利用率场景无法避免。因为尽管 IT 资源的平均利用率较低，但高峰利用率可以达到 80%甚至更高，如图 3-6 所示。

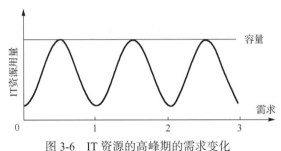

图 3-6　IT 资源的高峰期的需求变化

图 3-6 描述的是大部分机构的 IT 资源需求变化。这种变化具有周期性，而 IT 资源的配置必须按照波峰来进行，否则就会在高峰时段供不应求。但若按照高峰需求配置 IT 资源，则在非高峰时段出现大量的 IT 资源浪费。

若按照平均需求来进行 IT 资源配置，则会出现图 3-7 所示的情形。在图 3-7 中，处于容量直线之上的部分是 IT 资源不足的部分，而这种不足可能导致营业收入的丧失或声誉的下降，或两者同时发生。

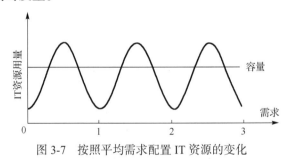

图 3-7　按照平均需求配置 IT 资源的变化

值得注意的是，资源配置不足导致的营业收入损失很可能是永久的。因为客户一旦觉得其需求得不到满足，很可能不会再次冒险使用同一个公司所提供的产品或服务。若此种情况出现，则相关公司的 IT 资源利用率将下降，从而导致 IT 资源配置被动超出需求水平。由此出现图 3-8 所示的需求曲线。

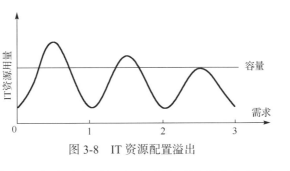

图 3-8　IT 资源配置溢出

如果企业既不愿意按照高峰时段进行配置（从而导致浪费），也不愿因配置不足而丢失客户和收益，那么一种自然的选择就是 IT 租赁，也称之为"托管"。用户在使用 IT 托管服务时，通常需要与托管供应商签订某种合同，规定各种情形下的处理方案。这些情形包括诸多方面，并且随着供应商和用户的不同而有所不同。

那么，能否在租赁的基础上再往前迈一步，按照需要来使用 IT 资源和支付费用呢？IT 资源的供给按照需求的增加而自动增加，按照需求的减少而自动减少，这是最省钱的方法，这种模式就是云计算了。云计算就是这种从业务所在地到托管再到所用即所付的一种自然结果。

云计算的规模效应让用户使用 IT 资源的门槛大为降低。用户无须制定长期投资。若有较多的客户，则购买较高的处理能力和较大的存储容量，支付较多的费用；若客户数量减少，则购买较低的处理能力和存储容量，这样支付的费用将降低。云计算平台可以真正达到全年运转。

3.2　云计算的架构

3.2.1　计算架构的进化

计算机出现后，计算机的软、硬件都经历了长时间的演变，其中计算范式从中央集权计算（主机计算）到客户机服务器计算，到浏览器服务器计算，再到混合计算模式。不同的计算范式对应的是不同的计算架构，而每种计算架构都与其所在的历史时期相符合。

计算架构的变换也由很多因素驱动，包括新硬件、新技术、新应用和用户需求。新硬件的改变通常会导致软件架构的变化，新技术的出现同样会对架构产生影响，如 Web 技术的发展催生了 B/S 架构。而用户对信息系统的新需求会对软、硬件的架构都产生影响，即 Web 应用程序需要服务众多客户，催生出中间层结构，进而催生出无状态的编程模型。可以说，应用程序的需求是软件架构发展的指引。

1. 中央集权架构

中央集权架构对应的是中央集权计算范式。在这种架构下，所有的计算及计算资源、业务逻辑都集中于一台大型机或者主机，用户使用一台仅有输入和输出功能的显示终端与主机连接来进行交互，如图3-9所示。

在这种架构下，一切权力属于主机，因此称为中央集权架构。中央集权架构是计算机刚出现时的首选，其特点是布置简单，所有管理都在一个地方、一台机器上进行。缺点是几乎没有图形计算和显示能力，客户直接分配服务器资源进而导致伸缩性很差。显然，这种架构不具备任何弹性，也不支持资源的无限扩展性，因此不能作为云计算的架构。

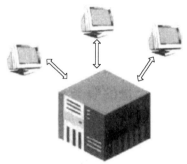

图 3-9　中央集权架构

2．客户机/服务器（C/S）架构

客户机/服务器(C/S)架构对应的是同名计算范式。计算任务从单一主机部分迁移到客户端。客户机承载少量的计算任务和所有的 I/O 任务，服务器承载主要的计算任务。客户机在执行任务前先与主机进行连接，并在活跃的整个期间内保持与主机的持续连接。通常情况下，客户机通过远程过程调用来使用服务器上的功能和服务。

客户机/服务器架构的优点是实现了所谓的关注点分离，即服务器和客户机各有各的功能。这种关注点分离简化了软件的复杂性，简化了编程模式。这种架构模式的缺点则是客户机拥有到服务器的持久链接，客户机持有服务器资源，从而使系统的伸缩能力受到限制，因此，此种架构不适应巨大规模的海量计算。

3．中间层架构

中间层架构对应的是多层客户机/服务器计算范式。它是在对客户机/服务器架构改进而产生的，其目的是简化和提升伸缩能力。所采用的方法是将业务逻辑和数据服务分别存放在两个服务器上，客户机与中间服务器连接，中间层与数据服务层连接，客户机对数据的访问由中间层代理完成。图3-10所示为中间层架构。

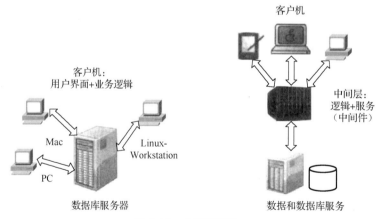

图 3-10　中间层架构

为了提升架构的弹性，客户机到中间层的连接均为无状态的非持久连接。这种计算架构的好处是中间层提供各种服务，方便管理，资源在客户机之间能够共享，从而提升了使

用弹性，而不是必须使用新的编程模型，导致进入门槛的提高。由于弹性力的提升，此种模式可以被云计算有限度地采纳。

4．浏览器/服务器（B/S）架构

浏览器/服务器（B/S）架构对应的是浏览器/服务器计算范式。这种架构是对客户机和中间层的内涵进行改动后的中间层计算架构的扩展。对中间层的改动体现在中间层和客户机之间增加了一层 Web 服务器层，Web 服务器可以将中间件的各种差异屏蔽掉，提供一种通用的用户访问界面。对客户机的改动则体现在负载的进一步缩减，从承载部分计算任务改变为只显示和运行一些基于浏览器的脚本程序的状态。图 3-11 所示为浏览器/服务器架构。

由于这种计算架构将功能通过无状态的 Web 服务

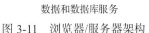

图 3-11 浏览器/服务器架构

进行提供，对客户机的配置几乎没有要求。这样带来的好处是扩展性非常强，可以服务的用户数量巨大，且伸缩容易，因此适合云计算的要求。然而其对网络状况的要求也非常高。

5．C/S 与 B/S 混合架构

C/S 与 B/S 混合架构对应的是混合计算范式。在应用的发展中，没有一种计算范式适合所有的场景，没有一种计算架构适合所有的应用，故而衍生出了 C/S 与 B/S 混合架构，即 C/S 和 B/S 两种架构并存的一种架构，如图 3-12 所示。在这种架构下，一部分客户通过客户机与系统的部分服务进行连接，用来承载需要持久连接的负载；另一部客户使用浏览器与系统的另外一部分进行连接，用来承载不需要持久连接的负载。一般情况下，使用浏览器的客户为外部客户，使用客户机的客户为系统内部客户。

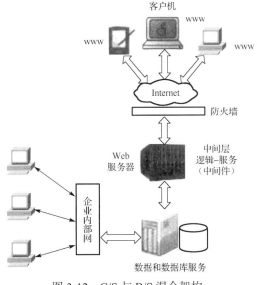

图 3-12 C/S 与 B/S 混合架构

6. 面向服务的架构

从之前的讨论中可以发现，中间层架构、浏览器/服务器架构、混合架构都可以在某种程度上提供云计算所需要的伸缩能力，这归因于其共有的一种特性，即无状态连接和基于服务的访问。即客户机或客户所用的访问界面与（中间、数据库）服务器之间的连接是无状态的，服务器所提供的是服务，而非直接过程调用。将这种共性加以提炼，就能够得出面向服务的架构，如图 3-13 所示。

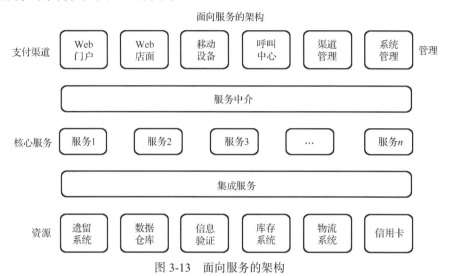

图 3-13　面向服务的架构

在面向服务的架构下，每个程序都在完成本职任务，同时将服务暴露出来提供给其他程序使用，多个程序通过一个统一的（服务请求）界面协调工作。对单一系统来说，此种系统能够将复杂性限制在可控范围内，从而让整个系统的管理更加容易。

由于云计算将一切都作为服务来提供，而本质上云计算就是服务计算。只是云计算是服务计算的极致，它不仅是将软件作为服务，而是将所有 IT 资源都作为服务。

3.2.2　一般云计算架构的二维视角

从不同角度来看，云计算架构的复杂性有一定的差异性。在最易于理解的二维视角下，云计算架构由两个部分组成：前端和后端。前端是呈现给客户或计算机用户的部分，包括客户的计算机网络和用户用来访问云应用程序的界面（如 Web 浏览器）；后端则是我们常说的"云"由各种组件（如服务器、数据存储设备、云管理软件等）构成。

在这种二维视角下，云架构由基础设施和应用程序两个维度组成。基础设施包括硬件和管理软件两个部分。其中硬件包括服务器、存储器、网络交换机等；管理软件负责可用性、可恢复性、数据一致性、应用伸缩性、云安全性和程序可预测性等。图 3-14 所示为云计算架构的二维示意图。

应用程序需要具备并发性（多实例同时执行）、协调性（不同实例之间能够协调对数据的处理及任务的执行）、容错性、开放的 API 格式、开放的数据格式（以便数据可以在各个模块之间共享）和数据密集型计算（云上面要利用数据）。

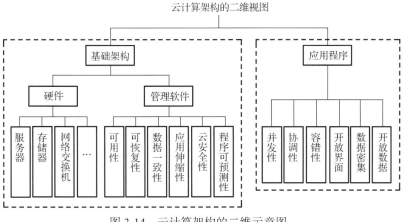

图 3-14   云计算架构的二维示意图

下面分别对基础架构和应用程序这两个部分做进一步的解释。

1．基础架构的分层结构

从二维视图可以将云基础架构看作一个整体，它与云应用程序一起组成云计算架构的二维视图，然而云基础架构本身并非一个不可分割的整体，而是一个可以再次分层的结构。通常来说，云基础架构由 4 层组成：虚拟化层、Web 服务层、服务总线/通信中间件层、客户机/用户界面层，如图 3-15 所示。

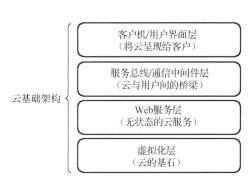

图 3-15   云基础架构的分层结构

（1）第 1 层是虚拟化层，其目标是将所有硬件转换为一致的 IT 资源，以方便云管理软件对资源进行各种细致的管理，如分配和动态增减计算及存储容量。从虚拟化技术的角度看，这种分配或增减可以在许多不同的抽象层上实现，包括应用服务器层、操作系统过程层、虚拟机层、物理硬件的逻辑分区层等。对云计算来说，虚拟化操作的层面基本上是在虚拟机抽象层进行的，虚拟化的结果是提供各种规格和配置的虚拟机，供架构上一层使用。

（2）第 2 层是 Web 服务层，其将云资源提供出来供用户使用。由于大部分的用户不能胜任或不想直接使用云中的虚拟机，云计算架构需要将虚拟机资源通过一个方便的界面呈现出来，而这就是 Web 服务层的作用。其优势是支持面广，对客户端的要求低，只需浏览器即可访问。通过 Web 服务层提供出来的服务均可以通过 Web 服务 API 进行访问，这种 API 称为表征状态转移（Representational State Transfer，REST）。

（3）第 3 层称为服务总线/通信中间件层，用来对计算服务、数据仓库和消息传递进行封装，以将用户和下面的虚拟化层进行分离，将 Web 服务与用户进行连接。不同的云计算平台在对外部服务的集成支持方面是不尽相同的，虽然一般云平台都能够支持托管在业务所在地或合作伙伴处的服务，但支持的力度可能不同。

（4）第 4 层称为客户机/用户界面层，其目标是将云计算应用程序呈现给客户，以利于客户对该应用程序执行操控、查询等，或者对该应用程序进行调用操作等。通常该部分不过是一个 Web 门户，将各种混搭（Mashups）集成在一个 Web 浏览器里，其简单用户界面常常基于 Ajax 和 JavaScript，但趋势是使用功能完善的组件模型，如 JavaBeans/Applets或者 Silvedight/.NET。该层是可以下载并安装在客户机上的。

2．REST 架构：云计算的软件架构

尽管基础设施架构在逻辑上分为4层，这4层之间的软件架构技术纽带可以采用REST架构。在很多应用场景下，云计算架构应该采用无状态、基于服务的架构。REST 是无状态架构中的一种。云计算采用 REST 的原因是简单、开放，并已经在互联网上实现。REST体现的正是 Web 架构的特征，即源服务、网关、代理和客户。其最大的特点是除了参与者的行为规范，对其中的个体组件没有任何限制。

基于上述特点，REST 本身就适应分布式系统的软件架构，而且在 Web 服务设计模型中占据了主导地位。若某种架构符合 REST 的限制条件，则该架构被称为 RESTful。在此种软件架构下，客户机和服务器之间的请求和回应都表现为资源的转移，这里的资源可以是任何有意义的实体概念，而一个资源的表示实际上捕捉了该资源状态的一个文档。客户在准备转移到新的状态时发送请求，当请求在等待处理的时间段内，客户被认为处于"转移"状态。REST 架构采纳的是松散耦合的方式，与 SOAP 相比，对类型检查的要求更低，且所需带宽更低。REST 架构的主要特点如下。

（1）组件交互的伸缩性：参与交互的组件数量可以无限扩展。

（2）界面的普遍性：IT 界人士都熟悉 REST 的界面风格。

（3）组件发布的独立性：组件可以独立发布，无须与任何组件事先沟通。

（4）客户机/服务器模型：使用统一的界面分离客户机和服务器。

（5）无状态连接：客户机上下文不保存在服务器中，每次请求都需要提供完整的状态。

与基于 SOAP 的 Web 服务不同的是，RESTful Web 服务不存在官方标准。REST 只是一种架构风格，而不是一种协议或标准。虽然 REST 不是协议或标准，但基于互联网的RESTful 实现就可以使用 HTTP、URL、XML 等标准实现分别设定标准。

3．云应用程序的结构

云计算的架构与传统的计算范式的架构不同。同理，云应用程序的结构也与传统操作系统上的应用程序结构有所不同，这一点归因于传统操作系统环境和云计算环境的巨大不同。事实上，云端运行的程序和传统架构上运行的程序有着较大的区别。并不是将一个软件发布到云端就是云计算了（当然，有的传统应用程序确实可以直接发布到云端并在一定范围内正确运行），云应用软件需要根据云的特性进行构造，以适合云环境或充分发挥云环境的优势。那么，适合云计算环境的应用程序的结构是怎样的呢？

如果熟悉云计算环境和传统操作系统上的应用程序，就不难推导出云应用软件的结构。在云计算环境下，云应用软件的结构可以分为 4 层，分别是应用程序本身、运行实例、所提供的服务和用来控制云应用程序的云命令行界面。在此，应用程序是最终的成品，但这个成品可以同时运行多个实例（这是云环境的一个重要特点），而每个实例提供一种或

多种服务，服务之间则相对独立。此外，云应用程序应该提供某种云命令行界面，以便用户对应用程序进行控制。图 3-16 所示为云应用程序的软件结构。

与传统操作系统环境进行比较，云应用程序结构的 4 个部分类似传统操作系统中的进程、线程、服务和 Shell。其中，进程是最终成品，这个成品可以同时运行多个指令序列（线程），每个线程提供某种功能（服务），Shell 可以用来对进程进行一定程度的控制。图 3-17 所示为传统操作系统上的应用程序结构。

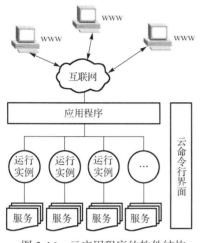
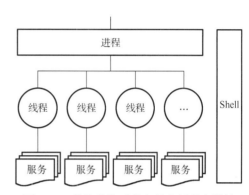

图 3-16　云应用程序的软件结构　　图 3-17　传统操作系统上的应用程序结构

另外，整个云平台可以看成一个应用程序，该程序由许多虚拟机构成，每台虚拟机上都可以运行多个进程，每个程序可以由多个线程构成，在整个云平台上覆盖一层控制机制，即云控制器。图 3-18 所示就是这种视角下云应用程序的架构。

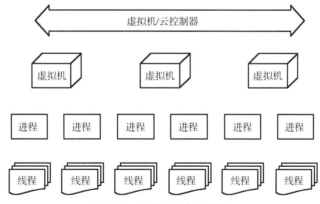

图 3-18　云应用程序的架构

云应用程序的结构并不仅限于此，实际上，随着云计算技术的发展，越来越多的软件都将迁移到云端，形成云端软件。

3.3　云栈和云体

云体是云计算的物质基础，是云计算所用到的资源集合。它是构成云计算的软、硬件环境，如网络、服务器、存储器、交换机等，通过网络连接在一起。在某些情况下，广义的云体也可以包括数据中心及其辅助设施，如电力、空调、机架、冷却等系统。鉴于当前的云计算都是基于数据中心来进行的，云体就是数据中心。

云栈又称云平台，是在云上面建造的运行环境。它能够支持应用程序的发布、运行、监控、调度、伸缩，并为应用程序提供辅助服务的机制，如访问控制和权限管理等。如微软的 Windows Azure、Google 的 App Engine、VMWare 的 Cloud Foundry 都是云平台。

云计算则是利用云体和云平台所进行的计算或处理。可以理解为，一是云计算可以在云体上面直接进行，二是云计算可以在云平台上面进行。但不管计算在什么层面进行，只要符合按用量计费、资源可以伸缩的特点就是云计算。因此，云存储、云服务、在云上运行自己的软件或算法都是云计算。简而言之，云计算是人们利用云体和云平台所从事的活动。

显然，云体和云栈本身并没有价值，只有用来进行云计算才具有价值。云则代指云体、云栈、云计算的结合，有时也称为云端和云环境。

3.3.1 逻辑云栈

所谓无规矩不成方圆，任何一个大型系统的运行都是建立在某种规则上的。这些规则相互依赖，形成一个规则体系。

鉴于云计算规模巨大，提供的服务多种多样，也需要建立规则才能够便于管理，即所谓的层次架构。例如，互联网的运转依赖一个分层的协议栈（如 OSI 的 7 层网络协议模型），协议栈里面包括一系列的网络协议（规则），不同的计算机通过这些协议进行沟通或协作。

同样，云计算也遵循着分层的规则，其组织分为多个层次，相互叠加，构成一个层次栈，这就是云计算的"云栈"。云计算的纵向云栈架构与传统计算机系统结构，如图 3-19 所示。

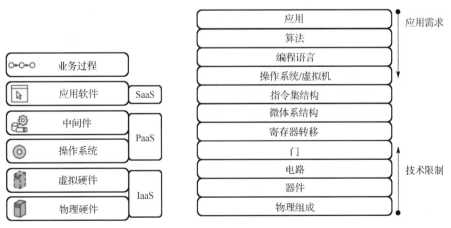

图 3-19　云计算的纵向云栈架构（左）与传统计算机系统结构（右）

在云栈里，每层都提供一种抽象。最下面的是物理硬件层，之后每往上一层，其离物理现实的距离就更远，易用性就会增强。每层用来实现抽象的手段都是某种或某几种服务，也称为功能。若两个服务均处于等价的抽象层，则属于云栈里的同一层。

云栈到底分多少层，并没有明确的准则，因为除了硬件，其他分层都是在抽象上进行的，而对抽象进行分层是因时而异的。目前比较流行的分法有三种：三层模型、四层模型和五层模型。其中以三层模型为大众所知。从这个角度讲，云栈代表着云计算的纵向架构。云栈的三层架构模式如图 3-20 所示。

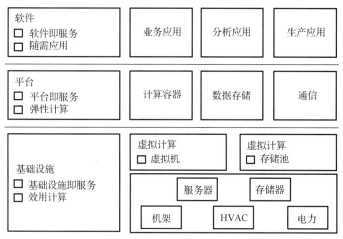

图 3-20　云栈的三层架构模式

在三层模式下，云计算可以很简要地概括为 IaaS、PaaS、SaaS，也就是基础设施即服务、平台即服务、软件即服务。其中基础设施即服务可称为效用计算（Utility Computing），平台即服务可称为弹性计算（Elastic Computing），软件即服务可称为随需应用（On-demand Applications）。

下面对三层模型中每层的能力和特点进行讨论。

（1）基础设施即服务层

基础设施即服务层也称为云基础设施服务，如图 3-21 所示。

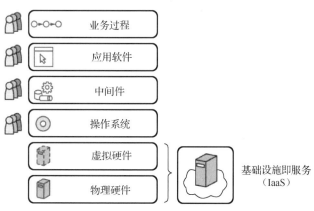

图 3-21　基础设施即服务层

此层提供的是云计算的物质基础，如服务器、存储器、网络等基础设施。云计算的起始点是硬件设施及其上的虚拟化，基础设施中包括虚拟化的原因是各种硬件规格、性能、质量的不统一，无法直接在上面建造云平台。为此，必须将各种硬件变为统一的标准件，以利于安装云平台。这种虚拟化的计算能力和存储容量正是该基础设施层所提供的产品或服务。

由于基础设施即服务层位于最底层,其消费的是物理现实(服务器、存储器等),支持的是上面的云平台。有了基础设施层后,客户就不用再购买服务器、存储器、网络设备或数据中心空间,而是将这些作为外包资源加以使用。提供商则以效用计算模式对客户使用基础设施进行收费。

(2)平台即服务层

平台即服务层是一座桥梁,在虚拟化的 IT 基础设施上构建起应用程序的运行环境,其提供的产品包括计算环境、云存储库、通信机制、控制调度机制,统称为云计算平台或者云解决方案栈。该层消费的是云基础设施服务,支持的是上面的云应用程序,如图 3-22 所示。

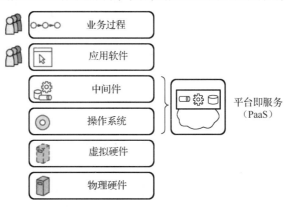

图 3-22　平台即服务层

(3)软件即服务层

软件即服务层有着很多别名:应用程序、随需计算、行业应用(若在云上部署某种行业应用,如铁路客票系统)、大数据(如在云上对大数据进行处理)、Hadoop(如在云上部署 Hadoop 框架)、TensorFlow(如在云上部署人工智能框架)等。顾名思义,软件即服务层提供的是应用软件服务,也就是一般的终端客户所需要的服务。众所周知的一些服务,包括

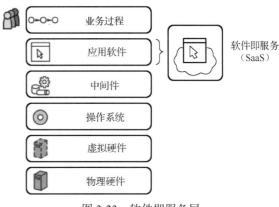

图 3-23　软件即服务层

Google 地球、微软在线 Office Live、Salesforce 的客户关系管理和一些大型的行业应用等,通过互联网进行交付,而不是将软件进行打包销售,从而避免在客户自己的计算机上进行安装和运行的麻烦。

SaaS 的主要特点如下。

(1)基于网络(一般为 Web 模式)进行远程访问的商用软件。

(2)集中式管理,而非分散在每个用户站点。

(3)应用交付一般接近一对多模型,即所谓的单个实例多个租户架构。

(4)按照用量计费(实际中一般按月或其他时间周期进行计费)。

SaaS 不一定要部署在云平台上，但若部署在云平台上，则称为云应用服务。因此，SaaS 与云计算的语义并不是完全重合的。对云平台上的 SaaS 来说，可以运行的应用软件的种类和规模完全取决于云平台拥有的能力。一般来说，云平台应该能够提供各种各样的运行环境，故而几乎所有的应用程序都可以成为云上的软件而化身为服务来提供给用户使用。

云软件和云服务最大的优势是，用户不再担心系统配置或架构管理，云供应商承担了所有这些任务。使用云软件的缺点则是用户没有灵活性，只能使用供应商所提供的版本和功能。

需要强调的是，虽然软件即服务层是大多数用户与云计算打交道时所用到的层面，云计算也可以在云栈的三个层面上同时给用户提供服务，但有大量的客户仅使用下面的平台层服务或基础设施服务。

3.3.2 逻辑云体

在传统操作系统环境下，操作系统需要提供计算、存储、通信和控制调度的能力，如图 3-24 所示。

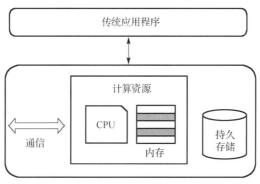

图 3-24 传统操作系统环境

这是因为应用程序有这些需要。应用程序在运行时需要使用计算资源存取数据，以及和别的程序进行沟通。传统操作系统为此提供的抽象是进程/线程/内存管理、文件系统、进程间通信/网络等。文件系统提供的是数据的持久存储，内存因为其非稳定性而不能胜任此工作。进程间通信和网络提供的则是通信能力。此外，操作系统还具有负责应用程序控制和调度的功能模块。在云体环境下，应用程序的运行也应具备计算资源、持久存储、通信等构件，如图 3-25 所示。

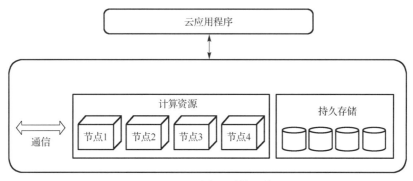

图 3-25 云平台的计算环境

计算资源提供的是 CPU 能力。与传统操作系统不同的是，在云计算平台上，计算资源包括的可能不仅是一个 CPU，也不仅是一台计算机的多个计算核，而可能是无数计算节点上的很多 CPU。因为有底层虚拟化的支持，云体可以给应用程序提供一个 CPU、半个 CPU，或者 N 个 CPU。为了管理方便，云环境下所有的 CPU 计算能力都被切割并封装成一定规格的计算单元。一般情况下，用户只能按照这些预制的规格进行申请。此外，用户在申请计算单元时，通常还会同时指定该计算单元上应该部署的操作系统、Web 服务器，甚至开发运行环境。

云环境下的持久存储机制称为云存储。在传统操作系统环境下，应用程序的持久存储机制就是本地磁盘，但不同的是，在云环境下应用程序在运行过程中写在本地磁盘上的数据是非持久的，因为应用程序运行的主机是不确定的，每次运行所用到的物理机可能是不同的。一旦应用程序结束运行，该物理机可能立刻被分配给另外的应用程序，而已经终结的应用程序没有办法再访问同一台物理机，自然不能将存放在该物理机磁盘上的数据读取出来。有鉴于此，云存储需要提供一种与运行应用程序的主机独立的存储位置和存储容量，这些位置和容量在应用程序结束后仍然存在，且仍然能够被访问到。这与传统操作系统的磁盘类似，只不过其存储位置可能是任意地方，甚至是地理位置遥远的地方。

云环境下的通信机制提供的是应用程序在运行时的信息沟通能力，它对于云环境可能更为重要，因为云环境下的应用程序通常是多实例并发的，不同实例之间肯定需要进行沟通。故在云环境下一定要提供某种机制让应用程序的不同实例之间能够互通有无，另外，可能还需要提供不同应用程序之间的通信通道。同一个应用程序的不同实例之间的通信一般由队列机制来实现，不同应用程序之间的通信则一般由网络机制予以实现。因此，功能完整的云体平台所包含的云通信都有队列和网络两个部分。

云体平台还会提供一些模块或接口用来优化和管理云平台。应用程序可以调用这些模块或接口来完成一些诸如增加计算实例、紧缩应用程序等在其他平台上无法完成的任务。实际上，云体的一个重要功能是根据需要对应用程序进行伸缩，即动态调整一个应用程序所使用的计算能力、存储容量和通信资源。

3.3.3 一切皆为服务

无论是横向云体架构还是纵向云栈架构；无论是三层结构、四层结构，还是五层结构；无论是公有云、私有云，还是混合云或其他云；无论是用量暴增、周期性增减，还是用量稳定增长，都不能改变云计算的本质——服务。如果用一个短语来描述云计算，那就是 IT 即服务。

云计算的本质就是 IT 作为服务涵盖了基础设施即服务、平台即服务、软件即服务或任何即服务。在这种情况下，用户原来需要承担的 IT 资源采购、配置、运维的责任几乎全部转移到了服务供应商身上，从而可以轻装上阵，专注于自己的核心业务，不用为自己并不擅长的后勤花费巨大的人力和物力。

在基础设施即服务的模式下，企业将底层的 IT 环境交给第三方供应商打理，自己租用第三方的设备和环境来搭建自己的业务环境和应用，所负担的责任明显下降，需要的人力也大幅度降低。在平台即服务的模式下，企业将所有的 IT 架构交给第三方，自己只负责应用程序的开发、部署和运维。这种模式非常适合那些开发应用软件给人们享用的人，如游戏开发商。在软件即服务模式下，用户则什么都不用管，直接使用云供应商或他人部署在云平台（或其他远程服务器）上的软件，可谓省心、省力、省钱，缺点是一切都依赖第三方。

理论上说，横向扩展是不存在极限的。而云计算的强大正是体现在其横向扩展的能力方面不受限制。然而在实际中，横向扩展也会面临某种极限，即复杂性达到一定程度后，软件的架构可能难以胜任服务器数量的无限增加。因此，如何设计出可以无限扩展的架构，如何对复杂性进行有效管理，使其不失控就是云计算要面对的严峻挑战。

实际上，我们真正需要的是一个好的云软件架构。因为好的架构能让云计算的规模随意扩展，把云的复杂性控制在最低限度，至少也将其置于可控的范围内。这也是本章聚焦在云计算架构上的根本原因。而云计算通过采用软件定义云体的方式，即软件定义的数据中心，可以胜任这种无限扩大。

3.4　软件定义数据中心

软件定义数据中心（Software Defined Data Center，SDDC）是个新概念，2012 年以前这个概念还没有被系统地阐述。随着软件定义计算、软件定义存储、软件定义网络等一系列软件定义新技术的蓬勃发展，已经有几十年发展历史的数据中心将迎来另一场深刻的变革。原有的设备可以继续运行，但是不再需要管理员频繁地检查这些设备；网络不再需要重新连线也可以被划分成完全隔离的区域，并且不用担心 IP 地址之间会发生冲突；在数据中心部署负载均衡、备份恢复、数据库不再需要变动硬件，也不再需要部署测试，管理员只需通过计算机操作，几秒就能完成；资源是按需分配的，再也不会有计算机长年累月全速运转，而没有人知道上面运行的是什么业务；软件导致的系统崩溃几乎是不可避免的，但是在系统管理员还没有发现这些问题时，系统崩溃的问题已经被自动修复了，并且全过程都被记录了下来。

SDDC 涉及的概念、技术、架构、规范都在迅速发展，但并不同步。目前还很难用一两句话为 SDDC 下一个准确的定义。

接下来，我们循着技术发展的脉络，看看 SDDC 出现之前的数据中心是什么样的。

3.4.1　数据中心的历史

数据中心（Data Center）是数据集中存储、计算、交换的中心。从硬件角度考虑，它给人最直观的印象就是计算设备运行的环境。故而数据中心的发展是与计算机（包括分化出的存储和网络设备）的发展紧密联系在一起的。

从第一台电子计算机出现开始，这些精密的设备就一直处于严密的保护中。由于最早的电子计算机几乎都应用于军事，不对公众开放，而且每台计算机需要的附属设施都是单独设计的，因此参考价值非常有限。

20 世纪 60 年代，商用计算机得到了广泛应用，其中最具代表性的是 IBM 主机（Mainframe）系列。这些主机都是重达几十吨、占地数百平方米的庞然大物，与之略显不相称的是，这些计算机拥有缓慢的计算速度和较小的数据存储规模。在当时，拥有这样一台计算机代价很高，而一个机房同时部署几台这样的计算机就更是难上加难。图 3-26（a）是 20世纪 60 年代的一个主机机房。一排排机柜就是计算机的主体，而整个像体育馆一样大小的房间就是当时的数据中心。明显这里仅有一台计算机，因此这个数据中心是不需要网络和专门的存储节点的。从管理角度看，这时数据中心的管理员是需要精细分工的，有专人管理电传打字机（Teletype）、有专人管理纸带录入、有专人管理磁带等，要使用这台计算机并非易事。

（a）   （b）

图 3-26　IBM 主机机房和现代数据中心

20 世纪 80 年代，随着大规模集成电路的发展，出现了大量相对廉价的微型计算机。数据的存储和计算呈现出一种分散趋势，越来越多的微型计算机被部署在政府、公司、医院、学校等。信息的交换依靠磁盘、磁带等介质。到了 20 世纪 90 年代，计算的操作变得越来越复杂，原有的微型计算机开始扮演客户端的角色，而大型任务如数据库查询被迁移到服务器端，著名的客户端/服务器（C/S）模式开始被广泛应用，直接推动了数据中心的发展。

数据中心再也不是只有一台计算机，机架式服务器的出现，大幅度提升了数据中心中服务器的密度。随着越来越多的计算机被堆叠在一起，计算机之间的互连就显得日益重要了。无论是局域网还是广域网，网络技术都在这一时期取得了飞速的发展，为互联网时代打下了坚实的基础。数据中心中的网络设备也从计算机中分化出来，不再是用于数据交换的计算机。在软件方面，UNIX 仍然是数据中心的主流操作系统，但是 Linux 已经出现，并且在这之后的岁月里展现出了惊人的生命力。

进入 21 世纪，互联网成为社会发展的主角，数据中心从技术发展到运行规模，都经历了前所未有的发展高潮。几乎所有的公司都需要高速的网络与 Internet 相连，公司的运营对 IT 设施的依赖性越来越高，需要不间断运行的服务器来支撑公司的业务。试想，如果一家公司的电子邮件系统处于时断时续的状态，如何保证公司的正常运行？然而，每家公司都自行构建这样一套基础架构又太不划算，也没有必要。于是，IDC（Internet Data Center，互联网数据中心）就应运而生了，这是第一次出现以运营数据中心为主要业务的公司。由于竞争需要，IDC 竞相采用最新的计算机，采购快速的网络连接设备和存储设备，应用最新的 IT 管理软件和管理流程，力图使自己的数据中心能吸引更多的互联网用户。

不仅是 IT 技术，作为专业的数据中心运营商，IDC 为了提高整个系统的可靠性、可用性和安全性，对建筑规范、电源、空调等都做了比以往更详尽的设计。

可是事物的发展有着我们难以预料的不确定性。IPv4 的主地址池分了 30 年才分完，而孤立的 IDC 还不到 10 年就进入了互联互通的时期。对于 IDC 来说，推动互联互通的主要是以下一些需求。

（1）跨地域的机构需要就近访问数据。

（2）分布式应用越来越多。

（3）云计算的出现。

因为这些因素的推动，数据中心之间的联系变得密不可分。不同数据中心的用户需要跨数据中心的计算资源、存储空间、网络带宽都可以共享，并非孤立存在，管理流程也很相近。

数据中心的发展如图 3-27 所示，数据中心中计算机的数量从一台到几千、几万台，似乎是朝着不断分散的目标发展。

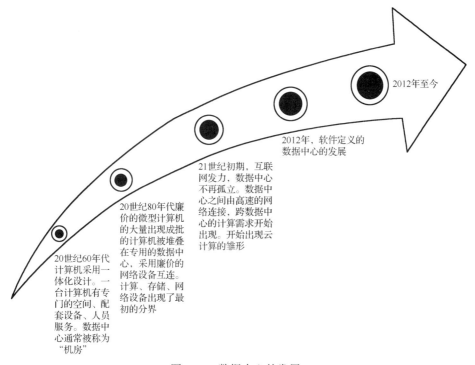

图 3-27　数据中心的发展

然而从管理员和用户的角度看，访问大型计算机上的计算资源和访问云数据中心中的计算资源是从一个大的资源池中分出一块。用户体验经历了集中到分散，再到集中的发展过程。新的集中访问资源的模式和资源的质量都已经远远超越了大型计算机时代。从一台计算机独占巨大的机房到少量计算机同时各自提供服务，再到大量计算机可以高速互通信息，同时提供服务，可以分配的资源被越分越细，数据中心的密度也越来越高。然而管理数据中心的管理员数量并没有增长得这么快，这是因为网络的发展让管理员可以随时访问数据中心中任何一台计算机，使 IT 管理软件帮助管理员管理数千台机器。如果管理员不借助专业 IT 管理软件，一个人管理几十台计算机就已经手忙脚乱了。因此，传统的数据中心是软件管理的数据中心。

3.4.2 继续发展的推动力

尽管软件管理的数据中心已经发展得非常完善,然而就可管理的硬件数量而言并没有迅速发展的必要,场地维护、电力、空调等基础设施的管理也成熟到足够在一个数据中心容纳数万台计算机。例如,Yahoo!公司曾经在美国纽约州建设的数据中心拥有 3000 多个机柜,足以容纳 5 万~10 万台服务器同时工作,DCIM(Data Center Infrastructure Management,数据中心基础设施管理)系统会监控每台服务器的运行状态,确保整个数据中心并没有一台计算机会过热,以及 UPS(Uninterruptible Power Supply,不间断电源)在雷电风暴来临而突然断电时能正确切换到工作负载状态。

尽管数据中心发展完善,管理模式也很成熟,但对于数据中心系统管理员来说,传统模式的数据中心仍然存在许多问题。

1.过多的计算机

如果要给上千台计算机配置操作系统和网络连接、登记在管理系统内、划分一部分给某个申请用户使用,或许还需要为该用户配置一部分软件等,都是劳动密集型的任务。例如,Google 公司经常需要部署数千个节点的 GFS 环境给新的应用,若要按照传统数据中心的模式,则需要一支训练有素、数量庞大的 IT 运维人员。

2.计算机的利用率过低

据统计,Mozilla 基金会数据中心的服务器 CPU 占用率为 6%~10%。也许这与应用的类型有关,如在提供分布式文件系统的计算机上 CPU 就很空闲,与之对应的是内存和 I/O 操作很繁忙。服务器利用率低实际上是普遍存在的问题。一个造价昂贵的数据中心再加上数额巨大的电费账单,只有不到 10%的资源被合理利用,超过 90%的资源被转换成热量。

3.应用迁移困难

硬件的升级换代导致数据中心每隔一段时间就需要更新硬件。困难的不是把服务器下架,交给回收商,而是把新的服务器上架,按以前一样配置网络和存储,并把原有的应用恢复起来。新的操作系统可能有种种问题,如驱动问题、网络和存储可能无法正常连接、在新环境中不能运行等。

4.存储需求增长得太快

2017 年,全球的数据总量为 16.8 ZB(1ZB=270B),到 2020 年,全球的数据总量达40ZB。即使不考虑为了存储这些数据需要配备空闲存储,也要考虑数据中心不得不在一年内增加 50%左右的存储容量。用了不几年,数据中心就会堆满各种厂家、各种接口的存储设备。需要使用不同的管理软件这些数据中心,而且常常互相不兼容。存储设备的更新比服务器更关键,因为所存储的数据可能是我们每个人的银行账号、余额、交易记录。旧的设备不能随便被替换,新的设备还在每天增加。学习存储管理软件的速度也许还赶不上存储设备数量的增长速度。

以上问题只是其中很小的一部分。像以往数据中心的发展一样，首先是应用的发展推动了数据中心的发展。之前提到的超大型分布式系统和云计算服务平台都是类似的应用。我们在后面还会介绍更多这样的应用场景。这些应用有一个共同的特点就是，它们需要比以往更多的计算、存储、网络资源，而且需要灵活、迅速地部署和管理。为了满足如此苛刻的要求，仅增加服务器数量已经无济于事了。与此同时，人们终于发现数据中心的服务器利用率竟然只有不到 10%。但是，应用迁移却如此困难，明知有些服务器 99.9% 的时间都空闲，却不得不为了那 0.1% 的峰值负荷而让其一直空转。如果说服务器只是有些浪费，还可以接受，然而存储问题更大，随着数据产生的速度越来越快，存储设备要么不够，要么实在太多而无法全面管理。

3.4.3 软件定义的必要性

基于上述问题，数据中心的管理员、应用系统的开发人员、最终用户，都认识到将数据中心的各个组成部分从硬件中抽象出来、集中协调与管理、统一提供服务是一件很重要的事情。如图 3-28 所示，若在传统的数据中心中部署一套业务系统，如文件及打印服务，则要为该业务划分存储空间，分配运行文件及打印服务的服务器，配置好服务器与存储的网络。

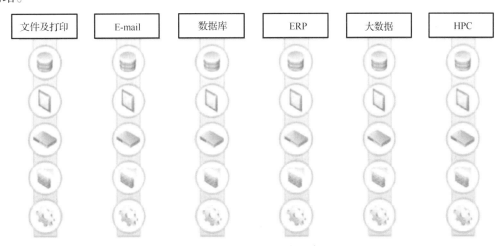

| 文件及打印 | E-mail | 数据库 | ERP | 大数据 | HPC |

图 3-28　传统数据中心中的资源

计算中心的不同导致其有不同的管理流程，而这都要先向 IT 管理员提交一个请求，注明需要哪些资源。IT 管理员收到请求后，会在现有的资源列表中寻找适合的服务器、存储、网络资源。若现有资源能满足要求，则不需要额外采购就能满足文件服务器的要求，最快也需要 1~2 天；若现有的资源数量和质量无法满足需求，则需要询价、采购、发货、配置上线等各项流程，至少要十几天，如果是核心业务系统紧急需要资源该怎么办？例如，2012 年 11 月 11 日的"双十一"促销是各个电商平台的整体较量，但是促销开始不久，淘宝和京东的后台系统的运行速度就从飞速变成了"龟速"，京东决定紧急采购服务器扩容。可采购、发货、配置上线等各项流程都是需要时间的，从 IT 资源的管理角度看，如果业务需要等待几天，那么"双十一"的促销大战是必然会受到影响的。

从图 3-28 中还可以看到，6 个业务系统需要 6 套服务器。在生产环境的服务器上再部署、调试其他业务只会带来更多的麻烦，而且实际上，文件打印这些服务需要的计算能力很差，数据库系统需要很大的内存和非常好的 I/O 能力，高性能计算需要强大的 CPU。显而易见，为不同业务采购不同配置的服务器是必需的，而且对于各项性能的要求几乎完全来自估计，没有人会确切地知道是否需要 256GB 的内存而不是 128GB。因此，IT 管理员需要面对的就是各种各样的配置表和永远无法清楚描述的性能需求。因此 IT 管理员在采购硬件时自然而然会采取最安全的策略，即尽量买最好的。这就出现了上文提到的问题——服务器的利用率非常低。

而利用高端的存储实现存储资源池，理论上可以同时支持所有的应用。但是如果把高端存储用来支持打印服务器，又显得不切实际。实际情况是，这些业务系统会至少共享 2～3 种存储设备。每个子系统都使用各自的子网，但是一个网段分给了某项业务，即使并不会被用完，其他系统也不能再用了。

在这种情况下，需要重新考虑虚拟化技术。在计算机发展的早期，虚拟化技术早就存在了，当时虚拟化技术存在的目的是可以利用价格昂贵的计算机。数十年后，虚拟化技术再一次成为人们重点关注的对象，这依然是因为要提高资源的利用效率。而且这次虚拟化技术不仅在计算节点上被广泛应用，相同的概念也被很好地复制到了存储、网络、安全等与计算相关的方方面面。虚拟化的本质是将一种资源或能力以软件的形式从具体的设备中抽象出来，并作为服务提供给用户。当这种思想应用到计算节点时，计算本身就是一种资源，被以软件的形式（各种虚拟机从物理机中抽象出来）按需分配给用户使用。当虚拟化思想应用于存储时，数据的保存和读/写均是一种资源，而对数据的备份、迁移、优化等控制功能是另一种资源，这些资源被各种软件抽象出来，通过编程接口（API）或用户界面提供给用户使用。

3.4.4 软件定义数据中心的架构分析

在软件定义数据中心最底层是硬件基础设施，包括存储、服务器和各种网络交换设备，如图 3-29 所示。

对于硬件而言，软件定义数据中心并没有特殊的要求。服务器最好能支持最新的硬件虚拟化，并具备完善的带内（In Band）和带外（Out of Band）管理功能，这样可以尽可能地提升虚拟机的性能和提供自动化管理功能。但是在没有硬件虚拟化支持的情况下，服务器一样可以工作，只是由于部分功能需要由软件模拟，性能会稍打折扣。这说明软件定义数据中心对硬件环境的依赖性很小，新旧硬件都可以被统一管理，共同发挥作用。此外，为求更好的性能，当更新的硬件出现时，不仅可以充分发挥新硬件的能力，还可以用户有充足的动力不断地升级硬件配置。

在传统的数据中心中，系统软件和应用软件处于硬件之上。但是在软件定义数据中心中，硬件的能力需要被抽象成能够统一调度管理的资源池，而且计算、存储和网络资源的抽象方式各不相同。

（1）软件定义计算。软件定义计算最主要的解决途径是虚拟化，真正走入大规模数据中心还是在 VMware 推出基于 x86 架构处理器的虚拟化产品之后。随后，还有基于 Xen、KVM 等的开源解决方案。虚拟机成为计算调度和管理的单位，可以在数据中心甚至跨数据中心的范围内动态迁移而不用担心服务会中断。

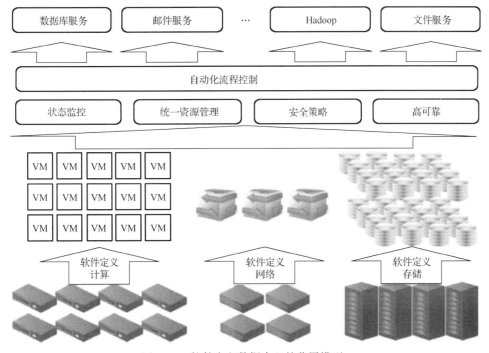

图 3-29　软件定义数据中心的分层模型

（2）软件定义存储。目前，最常使用的技术方案是分离管理接口与数据读/写，由统一的管理接口与上层管理软件交互，而在数据交互方面，则可以兼容各种不同的连接方式。这种方式的优点是可以很好地与传统的软硬件环境兼容，从而避免破坏性的改造。同时，如何合理地利用各级存储资源，在数据中心的级别上提供分层、缓存也是需要特别考虑的。

（3）软件定义网络。与数据读/写和软件定义存储类似，管理接口首先要分离由软件定义的包括网络的拓扑结构或是有层叠的结构。前者可以利用开放的网络管理接口，如 OpenFlow 来完成分离，后者则可以利用 VxLAN 的层叠虚拟网络来完成分离。

在服务器、存储和网络已经被抽象成虚拟机、虚拟存储对象（块设备、文件系统、对象存储）、虚拟网络时，在图 3-31 中可以发现各种资源在数量上和表现形式上都与硬件有明显区别。此时，数据中心至多可以被称为软件抽象，还不是软件定义的，因为各种资源现在还无法建立起有效的联系。若要统一管理虚拟化之后的资源，需要用一套统一的接口进一步集中管理这些资源。如 VMware 的 vCenter 和 vCloud Director 系列产品能够让用户对数据中心中的计算、存储、网络资源进行集中管理，并提供权限控制、数据备份、高可靠等额外的特性。

相较于资源管理，与最终用户距离更近的是一系列的服务，如普通的邮件服务、文件服务、数据库服务、针对大数据分析的 Hadoop 集群等。对于配置这些服务来说，软件定义数据中心的独特优势是自动化。如 VMware 的 vCAC（vCloud Automation Center）就可以按照管理员预先设定的步骤，自动部署从数据库到文件服务器的几乎任何传统服务。绝大多数部署的细节都是预先定义的，管理员只需要调整几个参数就能完成配置。即使有个别特殊的服务（如用户自己开发的服务）没有事先定义部署流程，但也可以通过图形化工具来编辑工作流程，并且反复使用。

从底层硬件到提供服务给用户，资源经过了分割（虚拟化）、重组（资源池）、再分配（服务）的过程，增加了许多额外的层次。从这个角度看，虽然软件定义有相应的代价，但是层次化的设计有利于各种技术并行发展和协同工作。例如，让专家去解决他们各自领域内的专业问题，无疑是效率最高的。软件定义数据中心的每个层次都涉及许多关键技术。回顾上文的层次结构可以发现，有些技术由来已久，但是被重新定义和发展了，如软件定义计算、统一的资源管理、安全计算和高可靠等。有些技术则是全新的，并仍在迅速发展，如软件定义存储、软件定义网络、自动化的流程控制等，这些技术也是软件定义数据中心赖以运转的关键。

3.4.5　软件定义数据中心的发展

在计算需求迅猛增长的情势下，往日数据中心的大客户不得不自己动手定制数据中心。Google 是这一潮流的先行者，同时也将自己的数据中心技术作为公司的核心机密。据称，Google 与接触数据中心技术的雇员签订了保密协议，即使这些雇员离职，一定期限内也不能透露其数据中心的技术细节。社交网络巨头 Facebook 也清楚地意识到下一代数据中心技术对未来互联网乃至整个 IT 技术发展的重要意义。与 Google 不同的是，Facebook 并没有试图包揽从数据中心硬件到软件的所有设计，而是找来了很多合作伙伴，并把自己数据中心的设计"开源"出来变成了"开放计算项目"（Open Compute Project，OCP）。OCP 并不仅限于软硬件设计，还包括数据中心的建筑规范、电力、制冷、机架机械设计等内容，是一份建设数据中心的蓝图。国内的互联网和 IT 巨头也在发展自己的数据中心技术。由 BAT（百度、阿里巴巴、腾讯）发起的"天蝎计划"（Scorpio）主要包括一套开放机架设计方案，目标是提供标准化的计算模块，能够将其迅速部署到数据中心提供服务。它们的共同特点是模块化的设计和为大规模迅速部署做出的优化。细心的读者可能会发现，在这些标准中，涉及软件的部分很少。这么大规模的硬件部署，是如何管理的呢？是不是在下一个版本的文档发布时就会说明了？非常遗憾，这正是互联网巨头的核心机密。不过随着开源文化与技术的发展，这些核心技术也会慢慢通过各种开源项目走进大众的视野中。

服务提供商和系统集成商对数据中心发展的看法与传统的数据中心用户略有不同，而且并不统一。IBM 和 HP 这类公司是从制造设备向系统和服务转型的例子。在对待下一代数据中心的发展上，这类公司很自然地倾向于充分发挥自己在设备制造和系统集成方面的既有优势，利用现有的技术储备引导数据中心技术的发展方向。

微软作为一个传统上卖软件的公司，在制定 Azure 的发展路线上也很自然地从 PaaS 入手，并且试图通过虚拟机代理技术模糊 PaaS 和 IaaS 之间的界限，从而充分发挥自身在软件平台方面的优势来打造后台由 System Center 支撑、提供 PaaS 服务的数据中心。

Amazon 公司是一个特例。Amazon 公司最初的业务与 IT 服务毫无关系，图书和百货商品一直是它的主营产品，直到近些年，它开始销售计算和存储能力。Amazon 不是与Google、Facebook 一样的数据中心的用户，是因为 AWS（Amazon Web Service）虽然脱胎于 Amazon 的电子商务支撑平台，但是它已经成为一套独立的业务进行发展了。作为特例的 Amazon 有其特别的思路：需要数据中心服务，使用 AWS 公有云。

传统的硬件提供商 Intel 公司作为最主要的硬件厂商之一，为了应对巨型的、可扩展的、自动管理的未来数据中心的需要，也提出了自己全新架构的硬件——RSA（Rack Scale Architecture）。在软件、系统管理和服务层面，Intel 非常积极地与 OCP、天蝎计划、OpenStack等组织合作，试图在下一代数据中心中仍然牢牢地占据硬件平台的领导地位。从设计思路上，RSA 并不是为了软件定义数据中心而设计的，恰恰相反，RSA 架构希望能在硬件级别上提供横向扩展（Scale-Out）的能力，避免被定义。对 RSA 架构有兴趣的用户发现，在硬件扩展能力更强的情况下，软件定义计算、存储与网络可以在更大的范围内调配资源。

通过概览未来数据中心业务的参与者，可以大致梳理一下软件定义数据中心的现状与发展方向。

1．需求推动，先行者不断

数据中心在未来的需求巨大且迫切，以至本来数据中心的用户必须自己动手建立数据中心，而传统的系统和服务提供商则显得行动不够迅速。曾经用户对数据中心的需求会通过 IDC的运营商传达给系统和服务提供商，因为后者对构建和管理数据中心更有经验，相应地能够提供性价比更高的服务。然而，新的由软件定义数据中心是对资源全新的管理和组织方式，核心技术是软件，传统的系统和服务提供商在这一领域中并没有绝对的优势。数据中心的大客户（如 Google、Facebook、阿里巴巴）本身在软件方面有强大的研发实力，并且没有人比它们更了解自己对数据中心的需求，于是它们自己建造数据中心也是理所当然的。

2．新技术不断涌现，发展迅速

服务器虚拟化技术是软件定义数据中心的起源。从 VMware 在 2006 年发布成熟的面向数据中心的 VMware Server 产品到现在只有短短的十几年。在这十几年里，不仅是服务器经历了从全虚拟化到硬件支持的虚拟化，还使下一代可扩展虚拟化技术也得到了发展，软件定义存储、软件定义网络迅速发展起来，并成为数据中心中实用的技术。在数据中心管理方面，VMware 的 vCloud Director 依然是最成熟的管理软件定义数据中心的工具之一。然而，以 OpenStack 为代表的开源解决方案也显现出惊人的生命力和发展速度。OpenStack从 2010 年出现到变成云计算圈子里人尽皆知的"明星"项目，仅用了两年时间。

3．发展空间巨大，标准建立中

软件定义数据中心还处于高速发展时期，尚且没有一个占绝对优势的标准。现有的几种接口标准都在并行发展，也都有各自的用户群。较早接受这一概念以及真正大规模部署软件定义数据中心的用户大多是 VMware 产品的忠实用户。热衷于技术的开发人员则往往倾向于 OpenStack，因为作为一个开源项目，其可用性非常强。而原来使用 Windows Server 的用户则比较自然地会考虑微软的 System Center 解决方案。就像在网络技术高速发展时期，有许多网络协议曾经是以太网的竞争对手一样，然而市场会决定最终的赢家。

3.5 实践：OpenStack

3.5.1 初识 OpenStack

OpenStack 提供了一个通用的平台来管理云计算中的计算（服务器）、存储和网络，甚至应用资源。这个管理平台不仅能管理这些资源，而且不需要用户去选择特定硬件或软件厂商，软件厂商特定组件可以方便地被替换成通用组件。OpenStack 可以通过基于 Web 的界面、命令行工具（CLI）和应用程序接口（API）来进行管理。

美国前任总统奥巴马在上任的第一天就签署了针对所有联邦机构的备忘录，希望打破横亘在联邦政府和人民之间的有关透明度、参与度、合作方面的屏障，这份备忘录就是开放政府令。该法令签署 120 天后，NASA 宣布开放政府框架，其中包括 Nebula 工具的共享。最初开发 Nebula 是为了加快向美国宇航局的科学家和研究者提供 IaaS 资源的速度。与此同时，云计算提供商 Rackspace 宣布开源它的对象存储平台——Swift。

2010 年 7 月，Rackspace 和 NASA 携手其他 25 家公司启动了 OpenStack 项目。OpenStack 保持每半年发行一个新版本，与 OpenStack 峰会举办周期一致。在随后的几年中，已经发行了十多个版本。该项目的参与公司已经从最初的 25 家发展到现在的 200 多家，有超过 130 个国家或地区的数千名用户参与其中。

解释 OpenStack 的一种方式是了解在 Amazon 网站上购物的过程。用户登录 Amazon，然后购物，商品将会通过快递派送。在这种场景下，一个高度优化的编排步骤是尽可能快并且以尽可能低的价格把商品买回家。Amazon 成立十多年后推出 AWS（Amazon Web Services），把用户在 Amazon 购买商品这种做法应用到了计算资源的交付上。一个服务器请求可能要花费本地 IT 部门几周的时间去准备，但在 AWS 上只需要准备好信用卡，然后单击几下鼠标即可完成。OpenStack 的目标就是提供像 AWS 一样水准的高效资源编排服务。

在云计算平台管理员看来，OpenStack 可以控制多种类型的商业或开源的软硬件，提供了位于各种厂商特定资源之上的云计算资源管理层。以往磁盘和网络配置这些重复性手动操作的任务现在可以通过 OpenStack 框架来进行自动化管理。事实上，提供虚拟机甚至上层应用的整个流程都可以使用 OpenStack 框架实现自动化管理。

在开发者看来，OpenStack 是一个在开发环境中可以像 AWS 一样获得资源（虚拟机、存储等）的平台，还是一个可以基于应用模板来部署可扩展应用的云编排平台。通过 OpenStack 框架，可以为应用提供基础设施（X 虚拟服务器有 Y 容量内存）和相应的软件依赖（MySQL、Apache2 等）资源。

在最终用户看来，OpenStack 是一个提供自助服务的基础设施和应用管理系统。用户可以做各种事情，从简单地提供虚拟机到构建高级虚拟网络和应用，都可以在一个独立的租户（项目）内完成。租户是 OpenStack 用来对资源分配进行隔离的方式。租户隔离了存储、网络和虚拟机这些资源，因此，最终用户可以拥有比传统虚拟服务环境更大的自由度。最终用户被分配了一定额度的资源，用户可以随时获得自己想要的资源。

OpenStack 基金会拥有数以百计的官方企业赞助商，以及数以万计的覆盖 130 多个国家和地区的开发者组成的社区。与 Linux 一样，很多人最初是被 OpenStack 吸引的，将其作为其他商业产品的一个开源的替代品。但他们逐渐认识到，对于云框架来说，没有哪个云框架拥有像 OpenStack 这样的服务深度和广度。更为重要的是，没有其他产品（包括商业或者非商业）能被大多数的系统管理员、开发者或者架构师使用并为他们创造这么大的价值。

在 OpenStack 官方网站上这样描述 OpenStack："创建私有云和公有云的开源软件"，以及 "OpenStack 软件是一个大规模云操作系统"。如果用户有服务器虚拟化的经验，那么从以上描述中也许会得出这样不正确的结论："OpenStack 只是提供虚拟机的另外一种方式"。虽然虚拟机是 OpenStack 框架可以提供的一种服务，但这并不意味着虚拟机是 OpenStack 的全部，如图 3-30 所示。

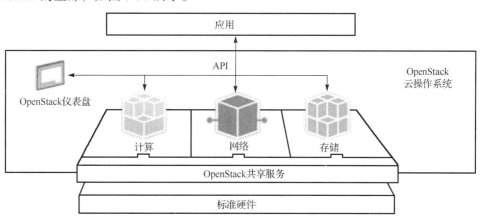

图 3-30   OpenStack 结构

OpenStack 不是直接在裸设备上引导启动的，而是通过对资源的管理，在云计算环境中共享操作系统的特性。在 OpenStack 云平台上，用户可以做到以下三个方面。

（1）充分利用物理服务器、虚拟服务器、网络和存储系统资源。

（2）通过租户、配额和用户角色高效管理云资源。

（3）提供一个对底层透明的通用资源控制接口。

这样看来，OpenStack 确实不像一个传统的操作系统，而 "云" 同样不像传统计算机。故而我们需重新考虑操作系统的根本作用。

最初，操作系统乃至硬件层面抽象语言（汇编语言）、程序都是用二进制机器码来编写的。之后传统操作系统出现了，允许用户编写应用程序代码，还能够管理硬件功能。目前，管理员可以使用通用的接口管理硬件实例，开发者可以为通用操作系统编写代码，用户只需要掌握一个用户交互接口即可。这样可以有效地实现对底层硬件的透明化，即只需要像操作系统一样。在计算机进化演变过程中，操作系统的发展和新操作系统的出现，给系统工程和管理领域带来了风险。

图 3-31 所示为现代计算系统的各个抽象层次。

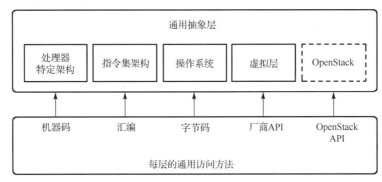

图 3-31　现代计算系统的各个抽象层次

过去的一些开发者不想因为使用操作系统而失去对硬件的直接控制，就像有些管理员不想因为服务器虚拟化而失去对底层硬件和操作系统的掌控。在每次转变过程中，从机器码到汇编再到虚拟层，人们一直未曾失去对底层的控制；每次都是通过抽象手段简单标准化的。人们依然拥有高度优化的硬件和操作系统，只不过更常见的是拥有这些层面之间的硬件虚拟化层。

通常是因为对标准实现优化的好处大于在这些层面上做转换（虚拟化），使新的抽象层被广泛接受。换句话说，当整体计算资源的使用率能通过牺牲原生性能得到很好的提升，那么这个层面的抽象就会被接受。这个现象可以通过 CPU 的例子来解释，这几十年，CPU 都遵守相同的指令集，但它们内部的架构却发生了翻天覆地的变化。

很多在 x86 处理器上执行的指令可以被处理器内部虚拟化，一些复杂的指令可以通过一系列更简单快速的指令来执行。即使是在处理器层面使用裸设备，也应用到了某种形式的虚拟化。现在，讨论控制权问题不如通过使用一个共同的框架来管理、监控和部署基础设施和应用的私有云和公有云，这样才能真正领会 OpenStack 的本质。

从本质上讲，OpenStack 通过抽象与一个通用的 API 接口共同控制不同厂商提供的硬件和软件资源。这个框架提供了以下两个很重要的内容。

（1）软硬件抽象避免了所有特定组件的厂商锁定问题。这是通过使用 OpenStack 管理资源来实现的，但缺点是除了通用的必要功能，并不是所有的厂商功能都能被 OpenStack 支持。

（2）一个通用的 API 管理所有资源，允许连接各个组件进行完全编排服务。

OpenStack 提供了可伸缩和被抽象的、对底层硬件的各种功能的支持。OpenStack 不能做到的是主动顺应当前的技术实践。为了能够充分利用云计算的能力，要对当前的业务和架构实践进行相应的转变。

如果业务实践只是按用户需求创建虚拟机，那么就没有抓住云自助服务的本质。如果架构标准是基于厂商提供的适当功能来对数据中心的所有服务器实现某些功能，那么会与对厂商抽象的云部署冲突。如果最终用户的请求可以被高效自动化执行，或者用户可以自我供给资源，那么就充分利用了云计算的能力。

3.5.2 OpenStack 组件介绍

上面介绍了 OpenStack 的基本功能，本节分析 OpenStack 的基本组件。表 3-1 列举了 OpenStack 组件的核心项目。

表 3-1　OpenStack 组件的核心项目

项目	代码名称	描述
计算（Compute）	Nova	管理虚拟机资源，包括 CPU、内容、磁盘和网络接口
网络（Networking）	Neutron	提供虚拟机网络接口资源，包括 IP 寻址、路由和软件定义网络（SDN）
对象存储（Object Storage）	Swift	提供可通过 RESTful API 访问的对象存储
块存储（Block Storage）	Cinder	为虚拟机提供块（传统磁盘）存储
身份认证服务（Identity）	Keystone	为 OpenStack 组件提供基于角色的访问控制（RBAC）和授权服务
镜像服务（Image Service）	Glance	管理虚拟机磁盘镜像，为虚拟机和快照（备份）服务提供镜像
仪表盘（Dashboard）	Horizon	为 OpenStack 提供基于 Web 的图形界面
计量服务（Telemetry）	Ceilometer	集中为 OpenStack 各个组件收集讲师和监控数据
编排服务（Orchestration）	Heat	为 OpenStack 环境提供基于模板的云应用编排服务

3.5.3 体验使用 OpenStack

本节通过使用一个快速部署 OpenStack 的工具——DevStack 来体验 OpenStack。

用户可以通过 DevStack 与一个小规模（更大规模部署的代表）的 OpenStack 进行交互，不需要深入了解 OpenStack，也不需要大量硬件，就可以在一个小规模范围内通过 DevStack 来体验使用 OpenStack。DevStack 可以快速部署组件，来评估它们在生产中的使用。DevStack 可以帮助用户在一个单服务器环境中部署与大规模多服务器环境中一样的 OpenStack 组件。

OpenStack 是由多个核心组件组成的，这些核心组件可以通过预期的设计分布在不同的节点（服务器）之间。图 3-32 展示了部署在任意数量的节点上的一些组件，包含 Cinder、Neutron 和 Nova。OpenStack 使用代码项目名称来命名各个组件，因此，图 3-32 中的代码项目名称 Cinder 是指存储组件，Neutron 是指网络组件，Nova 是指计算组件。

DevStack 的出现，使用户可以更快速地在测试和开发环境中部署 OpenStack，其自然成为学习 OpenStack 框架最好的切入点。DevStack 就是一些命令行解释器 Shell 脚本，可以为 OpenStack 准备环境、配置和部署 OpenStack。

之所以使用 Shell 脚本语言来编写 DevStack，是因为脚本语言更容易阅读，同时又可以被计算机执行。OpenStack 各个组件的开发者能够在组件原生代码块之外记录这种依赖关系，而使用者可以理解这种必须在工作系统中被满足的依赖关系。

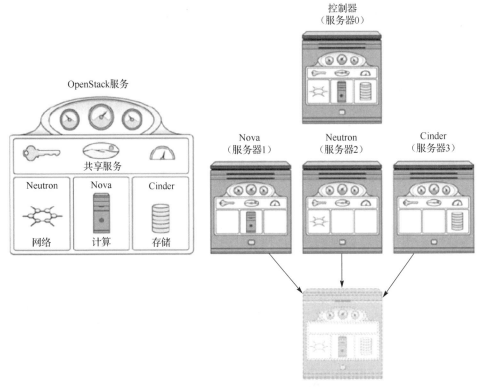

图 3-32　OpenStack 的相关组件

DevStack 可以让规模巨大、复杂程度高的 OpenStack 框架看起来更简单。OpenStack 为基础设施所提供的服务，DevStack 从多层面进行了简化和抽象。

手动部署 OpenStack 是非常必要的。通过手动实践，用户能够学习 OpenStack 的所有配置项和组件，可以提升部署 OpenStack 过程中排查问题的能力。不需要了解太多 Linux、存储和网络知识，用户就能部署一个可以运行的单服务器 OpenStack 环境。利用该部署，用户可以与 OpenStack 交互，可以更好地理解各个组件和整个系统。OpenStack 里面的租户模型解释了 OpenStack 如何从逻辑上隔离、控制和分配资源给不同项目。在 OpenStack 术语中，租户和项目是可以相互转换的。最后，可以使用前面学到的知识在虚拟环境中创建一个虚拟机。

第 4 章

云 安 全

安全问题伴随着计算机和网络从产生到发展的整个过程。在网络还不普及的时代，安全问题主要表现在计算机病毒的扩散方面，病毒通过文件复制的途径传播对计算机造成破坏。当进入网络时代后，安全问题更加突出，破坏安全的行为和目标也更加复杂，主要表现在以下 4 个方面。

（1）消耗网络带宽，使网络不可用。主要手段是通过网络蠕虫等病毒大量繁殖与传播，将网络带宽全部占用，造成网络阻塞。

（2）从外部攻击服务器，使其无法正常提供服务。主要手段是通过分布式拒绝服务（DDoS）等方式大量建立与服务器的无效连接，使正常用户无法连接服务器。

（3）渗透进入服务器，篡改和窃取信息。主要方式是使用黑客手段利用系统漏洞登录服务器，篡改其中的信息（如篡改网站的主页）或窃取信息（如窃取企业的商业秘密等）。

（4）渗透进入个人主机窃取信息。主要方式是通过木马等病毒方式入侵个人用户，窃取个人信息，对个人主机造成破坏。

进入云计算时代后，随着市场规模的快速扩大，云计算逐渐成为互联网的核心计算模式，使用云计算服务的企业和机构，其数据与信息安全严重依赖云计算系统的安全性。在云计算时代，互联网除了上述 4 个方面的安全问题，还需要将更多的精力用于保障提供云服务的数据中心的安全，以下三个事件说明了在云计算时代，安全问题将更突显。

事件 1：2011 年 3 月，Google 邮箱爆发大规模的用户数据泄露事件，大约 15 万名 Gmail 用户在周日早上发现自己的所有邮件和聊天记录被删除，部分用户发现自己的账户被重置，这是 Google 历史上第一次出现故障导致用户整个账户消失。

事件 2：2011 年 4 月 19 日，索尼的 PlayStation 网络和 Qriocity 音乐服务网站遭到黑客攻击，服务中断超过一周，PlayStation 网络 7700 万个注册账户持有人的个人信息失窃。

事件 3：2011 年 4 月 22 日，Amazon 公司在北弗吉尼亚州的云计算中心宕机，导致 Amazon 云服务中断了近 4 天，并对依靠 Amazon 这个云计算中心的网站造成影响，这些网站包括回答服务网站（包括 Quora）、新闻服务网站（包括 Reddit、Hootsuite）和位置跟踪服务网站（包括 FourSquare）等。

这些事件说明，在云计算时代，安全问题造成的影响范围更广、损失更大，因此安全问题也成了人们研究和使用云计算必须涉及的问题。本章将从以下 4 个方面讨论保障云安全的技术和手段，分别是云基础设施安全、云数据安全、云应用安全，以及云安全标准和法律法规。

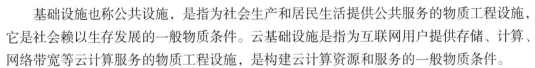

4.1 云基础设施安全

基础设施也称公共设施，是指为社会生产和居民生活提供公共服务的物质工程设施，它是社会赖以生存发展的一般物质条件。云基础设施是指为互联网用户提供存储、计算、网络带宽等云计算服务的物质工程设施，是构建云计算资源和服务的一般物质条件。

云基础设施安全是为了保障云计算资源中心正常运行，提供可靠的云服务，实现所承诺的功能和性能所需要采取的安全措施、安全技术手段和管理策略。

具体来说，云基础设施安全又分为网络硬件安全和主机系统安全，主机系统安全主要是基础软件系统和中间件系统的安全。

4.1.1 网络硬件安全

网络硬件安全主要是指云计算硬件设备及其部署环境的安全，重点解决硬件设备的物理安全问题，主要包括两个方面的安全：环境安全和设备安全。

1. 环境安全

环境安全是指云基础设施所处的外部环境的安全，包括场地选择、机房建造和装修、电力保障、网络保障、消防安全和机房管理等。

1）场地选择

场地选择是对云基础设施资源中心所处地理位置的选择，对于企业来说，需要从多个角度考虑。对于安全来说，场地选择主要考虑以下4个方面的问题。

（1）应避开低洼、潮湿、落雷区域和地震频繁的地区。

（2）应避开强振动源、强噪声源和强电磁场的干扰。

（3）应避开有害气体来源和存放腐蚀、易燃、易爆化学品的地方。

（4）应避开水灾、火灾危险程度高的地区。

2）机房建造和装修

在进行合理选址之后要进行机房的建造和装修。机房建造主要是通过合理的设计和建造，使机房具有一定的抗震能力，并且使机房具有合理的建筑布局，容易实施人员疏散、设备转移，并且容易开展救灾活动。

在机房装修方面，根据安全要求，所使用的装修材料应该具有防潮、吸声、抗静电、阻燃、防起尘等特性。同时合理布置电力线、网线、水管等管线，避免管线之间互相干扰，影响安全。装修施工应该分层次，按合理顺序进行，避免不同的施工活动之间的相互影响，进而避免破坏对方的施工效果。

3）电力保障

云计算资源中心用电高度集中，电力消耗巨大，一般坐落于电力资源丰富、电价低廉的地区。为保障云基础设施的正常运行，除了外部电力资源，还应该配置备用的电力资源。这样，当外部电力供应出现问题时，可以切换使用备用电力资源，防止云基础设施因为电力原因停止运行。

在机房内部应建设可靠的供电线路，选择高质量的电力设备和线缆，包括各种插座、开关、配电箱、变压器、输电线路等。空调、照明、计算机设备用电和其他辅助用电系统尽量分开设计和布置，避免相互干扰。合理设计供电线路，避免用电不均匀造成个别线路负载过重，形成安全隐患。

4）网络保障

网络是云基础设施对外提供服务的通信路径，云基础设施是数据的集散地，需要消耗大量的网络带宽资源，因此需要高速的网络接入、丰富的带宽资源和低价的接入服务。从安全角度来说，云基础设施需要提供连续不间断的网络服务，这就要求以高质量、稳定的网络设备保证。

5）消防安全

消防安全以防火为主，机房应配置完善的消防报警装置和灭火设备。具体来说，在机房的工作房间内、活动地板下、吊顶中、主要空调管道中及易燃物附件上应设置烟感探测器、温感探测器，并配置自动消防系统，选用合适的灭火器材，避免造成灭火过程中的二次损害。

6）机房管理

为确保云基础设施安全、高效运行，各种设备处于良好状态，正确使用和维护各种设备，需要制定相应的规章制度进行有序管理。这些规章制度主要涉及以下4个方面。

（1）值班制度：主要规定值班人员在值班时间内的责任和工作要求等内容。

（2）巡检制度：定期检查各种设备的完整性和可用性，定期检查机房内外环境，消除安全隐患。

（3）日常管理制度：主要规定工作人员的个人行为，如禁止吸烟、禁止玩游戏等。

（4）安全保密制度：规定机房工作人员进入机房的条件、访问机器的权限、需要保密的文件和出版物的管理等。

2. 设备安全

设备是指构成云基础设施资源中心的各种网络设备、计算机设备及辅助设备，如供电相关设备等。这些设备可能受到环境因素、未授权访问、供电异常、设备故障和人为破坏等方面的威胁，保障这些设备的安全包括以下5个方面。

1）防盗防毁

设备被遗失、盗窃或人为损坏等都会造成设备的不可用，除了设备本身的损失，更大的损失是失去有价值的程序和数据，因此应该妥善安置和保护设备，以降低未经授权的访问和环境威胁所造成的风险。对设备的安置地点采取适当的隔离措施，尽量减少对设备不必要的访问，同时配置相应的监控系统，以便实时掌握设备的使用情况。

2）防止电磁泄漏和电磁干扰

计算机主机及附属设备在工作时会不可避免地产生电磁波辐射，其中有计算机正在处理的数据信息，通过接收这些辐射信息人们可以窥探到计算机当前正在处理的数据内容，这种情况称为电磁泄漏。计算机产生的辐射主要来自4个方面：处理器的辐射、通信线路的辐射、转换设备的辐射和输出设备的辐射。防止和抑制辐射的技术主要包括干扰技术、屏蔽技术和低辐射技术。这三种技术分别通过干扰电磁波、屏蔽电磁波和降低电磁波的辐射强度来防止非法的监听窃探。

电磁干扰和电磁泄漏方向相反，是设备外部的电磁波对设备运行的影响。各种电子设备和广播、电视、雷达等无线设备都会发出电磁干扰信号，云基础设施的各种设备在这种复杂的电磁干扰环境中工作，其可靠性、稳定性和安全性都将受到严重影响。另外，设备长时间运行所产生的静电也会对设备造成很大的损坏，因此在设备保护中要采取一定的防电磁干扰技术和防静电技术。

3）设备维护

定期保养和维护能够提高设备的使用寿命和工作效率，因此应按照设备维护手册的要求和有关维护规程对设备进行适当的维护，确保设备处于良好的工作状态。

4）设备报废与再利用

设备在报废或者再利用前，应当清除存储在设备中的信息，特别是带有存储功能的计算机设备，由于长时间被使用，其存储空间内保存了大量工作数据。在这些设备被报废或者被转移再利用前，应当对这些工作数据进行消磁处理，以防机密数据外泄。

5）设备转移

在未经授权的情况下，不允许将设备、信息或软件带离工作场所，也不允许职工将个人设备带到工作场所，以防止组织的信息被非法复制和入侵。对设备转移应该制定完整的操作规程和交接程序，未经授权不得擅自改变设备的位置，不得拆换任何零件、配件和外设。

4.1.2 主机系统安全

相对于硬件安全，软件系统的安全更频繁地影响着云基础设施的正常运行，软件故障、系统漏洞、病毒感染、黑客入侵等无时无刻地影响着云基础设施的正常高效运行，消除或减少这些危害的技术手段主要有软件测试、漏洞扫描、防火墙、入侵检测和恶意软件防范。

1. 软件测试

自计算机诞生的那一天起就同时诞生了另一个名词——bug，是人们对计算机软硬件系统所产生的错误的总称，bug可能来自许多方面，最常见的是程序员在编程过程中出现的错误。为了排除这些错误，人们创造出了许多软件测试理论和测试技术，但这只能减少错误，并不能完全避免错误。

维护云基础设施正常运转的软件系统比以往的单机系统更复杂、更庞大，因此也更容易出现软件故障，需要精心测试、小心维护才能保证云基础设施的高效运转，这就要求在研发过程中需要对云基础设施的软件系统进行更缜密的设计、更细致的编程、更完备的测试和更精心的部署。

即便这样也不能保证软件不出现故障，因此还要准备一些备用方案，做出系统瘫痪的处理预案，防止系统出现故障后手足无措。

2．漏洞扫描

许多软件都存在着安全漏洞，这些都是在软件设计和实现过程中操作不严谨遗留下来的，其中应用范围广的系统软件（如操作系统和数据库系统）的安全漏洞给计算机造成的危害更大。

漏洞扫描是检测远程或本地系统安全脆弱性的一种安全技术，用于检查和分析网络范围内的设备、网络服务、操作系统、数据库系统等的安全性，从而为提高网络安全的等级提供决策支持。

系统管理员利用漏洞扫描技术对局域网、Web 站点、主机操作系统、系统服务及防火墙系统的安全漏洞进行扫描，可以了解正在运行的网络系统中存在的不安全的网络服务、在操作系统上存在的可能导致黑客攻击的安全漏洞，还可以检测主机系统中是否安装了木马程序，防火墙系统是否存在安全漏洞和配置错误等。利用安全扫描软件，能够及时发现网络漏洞并在网络攻击者扫描和利用前予以修补，从而提高网络的安全性。

3．防火墙

防火墙原是建筑物中用来防止火灾蔓延的隔断墙，在这里引申为保护内部网络安全的一道隔离防护设施，是网络安全策略的有机组成部分，它通过控制和监测网络之间的信息交换和访问行为来实现对网络安全的有效管理。

防火墙是由软件和硬件设备组合而成的，在内部网和外部网之间、专用网与公共网之间的界面上构造的保护屏障，使外网与内网之间建立起一个安全网关，从而保护内部网络免受非法用户的侵入。

典型的防火墙具有以下三个特点：内部网络和外部网络之间的所有网络数据流都必须经过防火墙；只有符合安全策略的数据流才能通过防火墙；防火墙自身具有非常强的免疫力，能够抵抗网络攻击。

一般来说，防火墙具有如下功能。

（1）限制未授权用户对内部网络的访问。

（2）可以通过配置安全策略实现不同目的的安全管理。

（3）过滤并记录流经它的网络通信数据，只允许符合安全策略的数据流通过。

（4）对网络访问进行监控审计。

（5）可以实施网络地址转换（NAT），对外隐藏内部使用的私有 IP 地址，既可保护内部网络，又可起到缓解 IP 地址短缺的作用。

（6）对网络攻击进行检测和报警。

4．入侵检测

入侵检测是指通过对行为、安全日志、审计数据或其他网络上可以获得的信息进行操作，检测对系统的闯入或闯入企图。入侵检测技术是动态安全技术之一。传统的操作系统加固技术和防火墙隔离技术等都是静态安全防御技术，对网络环境下日新月异的攻击手段缺少主动的反应。

入侵检测技术通过对入侵行为的过程与特征的研究，使安全系统对入侵事件和入侵过程能做出实时响应。利用防火墙，通常能够在内外网之间提供安全的网络保护，降低网络安全风险。但是，仅使用防火墙来保护网络安全还远远不够。例如，入侵者可能寻找绕过防火墙的途径，或者入侵者可能就在防火墙内。

入侵检测是防火墙的合理补充，帮助系统对付网络攻击，扩展了系统管理员的安全管理能力（包括安全审计、监视、攻击识别和响应），提高了信息安全基础设施的完整性。入侵检测被认为是防火墙之后的第二道安全闸门，提供对内部攻击、外部攻击和误操作的实时保护。

一般来说，一个入侵检测系统具有如下功能。

（1）监控、分析用户和系统的活动，找出其中非法的操作。

（2）测试并审计系统的配置和系统弱点，提示管理员修补漏洞。

（3）检测重要系统和数据文件的完整性。

（4）识别已知的攻击模式并报警，对检测到的入侵行为进行实时响应。

（5）统计分析异常行为模式，发现入侵行为的规律。

5. 恶意软件防范

恶意软件是执行非法指令的程序或程序片段，它们一般以恶作剧、破坏、窃取信息为目的。恶意软件按照工作方式主要分为以下两类：病毒和木马。

1）病毒

病毒通常是插入正常程序可执行代码中的代码序列，在程序执行时，包含病毒的代码也被执行。这种代码会自我复制，把自己插入一个或多个其他正常程序中，这被称为病毒传播。因此，病毒不是独立程序，无法自主运行，它们需要寄生在某种宿主程序中，一旦宿主程序运行，它们就被激活。程序被病毒寄生称为"感染"了病毒。

计算机病毒是计算机和网络面临的最普遍的安全威胁之一。病毒可以执行创作者的意图，对计算机和网络造成破坏，如删除文件、扰乱系统正常运行、阻断网络等。有些病毒以某种条件触发其破坏行为，这种病毒也被称为"逻辑炸弹"，如"黑色星期五病毒"，该病毒在13号恰好是星期五时发作。

在与计算机病毒斗争的过程中，产生了许多杀毒软件，它们在防止病毒传播、保护计算机安全方面做出了巨大贡献。随着互联网的深入发展和普及，以单纯破坏为目的的病毒越来越少，潜伏在宿主计算机内以窃取信息为目的的木马程序越来越多。

2）木马

木马又称特洛伊木马，它没有复制能力，特点是伪装成一个实用工具或一款游戏，诱使用户将其安装在计算机上。完整的木马程序一般由两个部分组成，一个是服务器程序，另一个是控制器程序。若计算机被安装了服务器程序，则拥有控制器程序的人就可以通过网络控制这台计算机，这时被控制计算机上的各种文件、程序及在其上使用的账号、密码则完全暴露在操作控制器的人面前。

现在，有许多专门查杀木马的软件工具，杀毒软件中也都包括查杀木马的功能，由于木马需要开启网络功能，特征比较明显，因此用户也可以手工查找并消除。一般来说，可以通过以下几种方式检查计算机上是否被放置了木马。

（1）检查网络连接。查看计算机当前的网络状态，列出当前计算机上开放的网络端口，可以找出那些可疑的、不是由已知程序打开的端口，这些未知程序打开的未知端口一般是木马的特征。以 Windows 操作系统为例，查看当前网络状态的命令是否是 netstat。

（2）检查不明服务。有些木马将自己作为一个系统服务放置在系统服务列表中，随着系统一起启动。用户一般不会特别检查系统已启动了哪些服务，这给了木马可乘之机。通过仔细检查这些服务，禁用那些未知的服务，可以降低木马入侵的风险。

（3）检查登录账户。恶意的攻击者喜欢使用克隆账户的方法来控制计算机。攻击者采用的方法就是激活一个系统中的默认账户，但这个账户是不经常用的，然后把这个账户权限提升到管理员权限，从表面上看这个账户还是和原来一样，恶意的攻击者可以通过这个账户任意地控制计算机。因此，仔细检查计算机的登录账户及其权限，禁用那些不常用的账户，可以降低木马入侵的风险。

4.1.3　安全管理

长期以来，人们保障安全的手段依靠技术，在安全技术和产品的研发上不遗余力，新的技术和产品不断涌现。消费者也更加相信安全产品，把大部分安全预算也都投入到信息安全产品的采购上。但事实上，复杂的信息安全技术和产品往往在完善的管理下才能发挥作用。据统计，70%的泄密犯罪来自组织内部，相关安全技术人员的违规操作非常普遍。因此，人们在信息安全领域总结出了"三分技术，七分管理"的实践经验和原则。

在安全管理中主要的管理是对人的管理，对安全造成威胁的人员主要分为以下4类。

（1）内部人员，如组织的员工，他们一般都具有对系统一定的合法访问权限。

（2）准内部人员，如软硬件厂商及这些厂商的工作人员和开发人员，他们对系统有一定的了解，在一定时期内（如在产品的安装调试期内）对系统具有合法访问权限。

（3）特殊人员，包括记者、警察和政府工作人员等，他们可以利用自己的特殊身份了解系统。

（4）竞争对手或蓄意破坏者。为谋取私利，竞争对手或蓄意破坏者会通过各种手段探测系统的信息并进行偷窃或破坏活动。

在管理上也可将除内部人员外的其他几类人员称为外来人员。

1. 内部人员管理

内部人员对系统内重要信息存放地、信息处理流程、内部规章制度等比较了解，比外部人员拥有更便利的条件，更便于直接攻击重要目标、逃避安全检查。因此，内部员工的管理对保障安全尤为重要。

加强员工安全管理的主要原则有以下4项。

（1）多人负责原则。每项与安全相关的活动，都必须有 2 名及 2 名以上人员在场。

（2）任期有限原则。避免员工长期担任与安全有关的职务，保持该职务具有竞争性和流动性。

（3）权限分割原则。每名员工只拥有部分系统权限，任何个人都无法获得系统的全部管理权限，这样可以将员工的破坏行为限定在有限范围内。

（4）职责分离原则。将操作和审核操作的任务分配给不同的人，安排不同的岗位职责，以达到相互牵制、相互监督的效果。

相应的安全管理措施包括对员工进行安全培训，增强安全意识，制定与安全相关的规章制度，明确各岗位的安全任务和责任。在组织内不同的岗位对安全管理的要求不同，一般从以下三个方面考虑。

（1）领导者。领导者对整个组织的安全管理负领导责任，制定安全培训计划，组织安全学习活动，强化整个组织的安全意识。同时领导者应严于律己，遵守安全制度，对违反安全规则的人员进行惩罚。

（2）系统管理员。系统管理员对整个系统的安全负直接责任，负责系统账号的管理和权限分配。系统管理员应定期更换自己的登录密码，经常检查系统配置的安全性，注意软件版本的升级，安装系统最新的补丁程序，并且对网络进行监控和分析，定期检查用户的安全使用状况，提醒用户的非安全行为。

（3）一般用户。一般用户使用系统进行具体的业务操作，以合法身份进入系统，拥有部分权限。一般用户应该经常参加计算机安全技术培训，不与他人共享口令，遵守公司的安全保密制度，养成良好的安全习惯，不将账号和口令等安全信息张贴在办公桌的显眼位置，不将系统文件带离办公场所。

2. 外来人员管理

如前所述，外来人员成分比较复杂，对他们要制定相应的安全防范措施，尽量减少系统信息的泄露，主要的安全措施包括以下三项。

（1）对于准内部人员，组织应监视和分析安装维护前后系统运行状况，防止厂商维护人员的破坏行为，有条件的还应对源代码进行检查和分析，确保产品中不包含恶意代码和后门，在维护人员离开后应更换系统相关口令。

（2）对于特殊人员，尽量将他们的权限限制在最小范围，安排员工陪同他们进行相关工作。

（3）对于竞争对手或蓄意破坏者，应加强外来人员的准入管理，禁止他们进入办公场所，对于要丢弃的文件和废旧物品应该在丢弃前进行信息消除工作，加强系统安全设施建设，阻止他们从外部入侵组织的网络。

3. 员工授权管理

员工使用系统的权限直接影响系统的安全，过高的权限会造成不必要的安全风险，过低的权限又会影响员工的正常业务工作，因此恰当定义员工的工作范围，分配合适的权限是保证系统安全的重要措施。员工的授权管理通常包括以下 4 个步骤。

（1）工作职位定义。涉及职位描述、职责范围定义，一旦职位被定义，负责的主管应确定职位所需的访问类型。授予访问权限时应遵循两个基本原则：职责分离原则和最小特权原则。

职责分离原则是指对角色和责任进行分离设计，使单独一个人无法破坏关键的过程。例如，在金融系统中单独一个人通常无权发放支票，而是一个人提出支付申请，另一个人对支付进行授权。对于系统管理来说可以设计为：一个人对账号权限提出申请，另一个人进行审核和授权。

最小特权原则是指只赋予用户执行工作所需的访问权。例如，数据录入人员可能不需要对数据库执行报表生成和分析的权限。还应当注意最小特权原则的负面效应，如访问控制可能会妨碍应急计划的执行，因此必须精心设计。

（2）确定职位敏感性。不同职位具有不同的敏感性水平，敏感性水平是基于相关人员通过滥用计算机系统可能造成的损害类型和程度等因素设定的，还有一些更传统的因素，如受保护信息或系统的安全等级、重要程度等。管理人员应该正确识别职位的敏感性，以便完成适当的、与具有成本效益的审核工作。

（3）职位填充。一旦职位敏感性被确定，接下来就将进行职位的填充工作，这通常包括公布正式的空缺职位公告和识别符合职位需求的求职者。比较敏感的职位通常需要进行雇用前的背景审查，以协助确定具体人员是否适合于特定职位。

（4）员工培训和安全意识培养。候选人被雇用后，还需要对员工进行工作内容的培训，包括计算机安全责任和任务的培训，这种安全培训对强化安全环境具有很好的效果。另外，员工在成为系统用户后，还需给予持续的安全技能培训和意识培养。

4.2 云数据安全

随着 IT 技术的发展，人们获得数据的能力越来越强，途径越来越多，数据逐渐成为一个组织的核心资源，特别是云计算时代的到来使各国掀起了建设数据中心的热潮，这些数据中心利用云计算强大的存储和计算能力集中管理数据，提高了数据的利用率和处理能力，增强了组织的竞争力。

但是云计算环境下数据的集中管理也给数据安全带来了新的挑战，数据安全问题造成的危害也更大，因此需要更加重视云计算环境下的数据安全问题，这些问题主要表现在三个方面：数据存储安全、数据访问安全和数据管理安全。

4.2.1 数据存储安全

数据存储安全是指数据在云基础设施中存储所涉及的安全问题，在存储中数据安全的主要目标是保障数据的机密性、完整性和可用性。

1. 机密性保障

机密性是指数据不被泄露给非授权的用户、实体或过程，或被其利用。对数据进行加密是保障数据机密性的一个重要方法，即使该数据被人非法窃取，对于窃取者来说也只是一堆乱码，而无法知道具体的信息内容。在加密算法选择方面，应选择加密性能较好的对称加密算法，如 AES、3DES 等国际通用算法。由于公钥加密算法的计算量大，其加密效率远低于对称加密算法的加密效率，故公钥加密算法不适于用在数据的加密存储过程中。

在加密密钥管理方面，应采用集中化的用户密钥管理与分发机制，实现对用户信息存储的高效安全管理与维护。对云存储类服务，云计算系统应支持提供加密服务，对数据进行加密存储，防止数据被他人非法窥探。对于虚拟机等服务，则建议用户对重要的用户数据在上传、存储前自行进行加密。

对云端数据进行加密需要消耗更多的处理器资源，并且它限制了共享，降低了每个资源的平均用户数量，增加了整体存储成本。加密也导致对数据进行搜索和查询变得困难，因此，目前大多数云计算供应商只提供对少量数据的加密（如账号和口令等），大量业务数据仍处于不加密状态，因此保障数据安全仍有大量的工作要做。

2. 完整性保障

完整性是指数据未经授权不能进行更改。完整性要求数据不应受到各种原因的破坏，影响数据完整性的主要因素有设备故障、人为攻击、计算机病毒等。保障数据完整性主要采用在数据后面附加校验码的方法，校验码是根据原始数据生成的，用户获取数据后用同样的方法生成一个校验码，然后与获取到的校验码对比，就可以知道数据有没有被破坏。

校验码的生成方式有许多种，包括奇偶校验、校验和校验、循环冗余校验、散列值校验等。另外，还可以进行加密校验，也就是将加密后的数据作为校验码，这种方式计算量大，校验码长，一般不采用该方式。消息摘要其实是一种散列值校验的方法，常用的消息摘要算法有 MD5、SHA、RIPEMD 等。

3. 可用性保障

可用性是指数据可以被授权实体访问并按需求使用。可用性涉及的范围很广，在此处数据存储的可用性主要是指数据不会因为突发的灾害或系统错误而丢失。保障数据可用性的方法主要通过备份或复制数据副本来实现。

数据的多副本存储是云计算系统的基本功能之一，不需要额外增加设计来实现数据备份和复制。因此，在保障可用性方面，云计算有天然的优势，不像传统数据库系统那样需要额外设计备份方案。

4.2.2 数据访问安全

在实现安全存储后，用户在使用数据的过程中也存在安全问题。首先，非授权的用户不能访问数据，同时授权的用户也不能被限制而造成使用困难。其次，为防止使用数据过程中被拦截的风险，数据的传输安全也同样重要。

1. 访问控制

访问控制是在保障授权用户能获取所需数据的同时拒绝非授权用户的安全机制。访问控制模型一般可以用一个三元组表示，访问控制 AC=（S，O，A）。其中，S 代表访问主体的集合；O 代表访问客体的集合，在这里不妨认为是用户要访问的数据集；A 代表访问矩阵，是主体对客体的访问权限所构成的矩阵。

$$\begin{bmatrix} s_1 \\ s_2 \\ \vdots \\ s_m \end{bmatrix} \cdot \begin{bmatrix} o_1 & o_2 & \cdots & o_n \end{bmatrix} = \begin{bmatrix} a_{11} & a_{12} & \cdots & a_{1n} \\ a_{21} & a_{22} & \cdots & a_{2n} \\ \vdots & \vdots & \vdots & \vdots \\ a_{m1} & a_{m2} & \cdots & a_{mn} \end{bmatrix} = A$$

图 4-1　访问控制模型

式中，$s_i \in S$ 表示第 i 个主体，$o_j \in O$ 表示第 j 个客体，$a_{ij} \in A$ 表示第 i 个主体对第 j 个客体的操作权限。

访问控制一般包括三种类型：自主访问控制、强制访问控制和基于角色的访问控制。

1）自主访问控制

自主访问控制是指主体能够自主地将访问权或访问权的某个子集授予其他主体。自主访问控制是一种比较宽松的访问控制，一个主体的访问权限具有传递性，这种权限的传递可能会给系统带来安全隐患，如某个主体通过继承其他主体的权限得到了其本身不具有的访问权限，就可能破坏系统的安全性，这是自主访问控制方式的缺点。

2）强制访问控制

在强制访问控制中，系统为所有的主体和客体指定安全级别，如绝密级、机密级、秘密级和无密级。不同级别标记了不同重要程度和能力的实体，不同级别的主体对不同级别的客体的访问是在强制的安全策略下实现的。

在强制访问控制机制中，将安全级别进行排序，如按照从高到低排列，规定高级别可以单向访问低级别，也可以规定低级别可以单向访问高级别。这种访问可以是读，也可以是写。

在实际应用中，人们往往将自主访问控制和强制访问控制结合在一起使用，允许利用这两种方式的优点，制定灵活的访问控制策略。

3）基于角色的访问控制

在传统的访问控制中，用户的权限是系统管理员分配的，虽然用户的权限可以变更，但是这种变更实施起来很不方便，在实际应用中这种访问控制方式表现出以下弱点。

（1）同一用户在不同的场合需要以不同的权限访问系统，按传统的做法，变更权限必须经系统管理员授权修改。

（2）当用户大量增加时，按每个用户一个注册账号的方式将使系统管理变得复杂，工作量急剧增加，也容易出错。

（3）传统访问控制模式不容易实现层次化管理。按每个用户一个注册账号的方式很难实现系统的层次化分权管理，尤其是当同一用户在不同场合处在不同的权限层次时，系统管理很难实现。

基于角色的访问控制模式就是为克服上述问题而提出来的。在基于角色的访问控制模式中，用户不是自始至终以同样的注册身份和权限访问系统，而是以一定的角色访问，不同的角色被赋予不同的访问权限。系统的访问控制机制只看到角色，而看不到用户。用户在访问系统前，经过角色认证充当相应的角色。在用户获得相应的角色后，系统依然可以按照自主访问控制或强制访问控制机制控制角色的访问能力。

2. 传输安全

在云计算应用环境下，数据的网络传输不可避免，因此保障数据传输的安全性也很重要。数据传输安全主要通过加密方式实现，数据传输加密可以选择在链路层、网络层、传输层等不同层次实现，采用网络传输加密技术保证网络传输数据信息的机密性、完整性、可用性。对于管理信息加密传输，可采用 SSH、SSL 等方式为云计算系统内部的维护管理提供数据加密通道，保障维护管理信息安全。对于用户数据加密传输，可采用 IPSec、VPN、SSL 等技术提高用户数据的网络传输安全性。

此外，随着物联网的建设，监控摄像头、GPS 及各式传感器越来越普及，这些介质所存储、传输的数据中包含了大量的个人隐私信息。为保护这些个人数据，要在各传感器之间，以及传感器与服务器之间应用加解密技术，使数据在传输和存储过程中不会因为被拦截而导致泄露。

4.2.3 数据管理安全

云提供商通常以 XaaS 模式向用户提供服务。为了提高基础设施的利用率，云计算平台是面向所有用户的，用户以租户为单位租用云提供商的服务。也就是说，云计算平台通常是以多租户模式向用户提供服务的。

这种多租户模式在带来巨大好处的同时也给用户数据的安全带来了隐患。一方面，因为用户的数据有被其他用户获得的可能，这就要求必须实现用户数据的隔离；另一方面，由于用户数据在云计算平台中是共享存储的，因此今天分配给某一用户的存储空间，明天可能分配给另外一个用户，用户数据就可能被非法恶意恢复，这就要求实现对残余信息的保护。

1. 数据隔离

为了实现多租户模式下不同用户数据间的隔离，可根据应用的具体需求，采用物理层隔离、虚拟化层隔离、中间件层隔离和应用层隔离等不同层次的隔离方案。

1）物理层隔离

每个用户使用不同的物理服务器，从物理层一直到应用层实现在物理空间上的完全隔离。这种方法能提供最高级别的隔离，但是云基础设施资源共享程度也最低，一般不被云提供商采用。

2）虚拟化层隔离

用户使用由虚拟软件虚拟出来的服务器，不同的用户使用不同的虚拟服务器，用户在使用云服务时看不到其他用户的存在，在虚拟机层上独占服务器。这种方式可以使用户共享物理机，但是在逻辑上又互相隔离。

3）中间件层隔离

在这种方式中，用户共享操作系统和服务器，不同的用户使用应用程序的不同实例，同时应用程序的实例部署在中间件的不同实例中。由于中间件实例不同，因此每个用户都拥有自己的操作系统进程。

4）应用层隔离

在应用层隔离中，不同的用户使用应用程序的不同实例，但是共享服务器、操作系统以及中间件。用户共享操作系统和中间件进程，但是每个用户都拥有自己的应用程序进程。

2．残余信息保护

云计算系统的自动资源分配机制使存储资源在被系统回收后会再分配给其他用户使用，这就要求云计算系统在将存储资源重新分配给新用户之前，必须删除其中存储的原用户数据，然后对相应的存储区进行完整的数据擦除或标识为只写（只能被新的数据覆盖写），防止用户数据被非法恶意恢复。

4.3　云应用安全

云提供商以 XaaS 的模式向用户提供服务，用户以租户为单位租用云提供商的服务。为了使合法的用户使用正确的服务，需要对用户进行认证和授权。

4.3.1　用户认证

用户在使用云提供商提供的服务时，需要向云提供商证明自己是合法用户。云提供商一般提供两种认证方法：一种是集中式的认证方法，另一种是去中心的认证方法。

图 4-2 显示了一种集中式的认证系统。云提供商在中心用户账号数据库上集中管理所有的用户信息。用户管理员得到许可后可以在用户账号目录中创建、管理或删除属于该用户的账号。登录到应用服务器的用户向应用服务器提供其证书，应用服务器对证书进行认证后，赋予用户相应的访问权限。这种方法的优点是实现简单且不需要对用户的认证系统进行修改。其缺点是难以实现单点登录（Single Sign On）功能，即应用服务器对已经在其协作网络中获得访问权限的用户还需要进行认证。

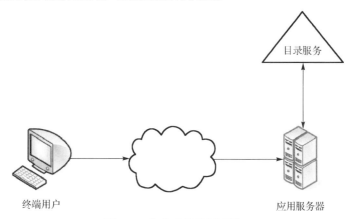

图 4-2　集中式的认证系统

图 4-3 显示了一种去中心的认证系统。用户部署一个联盟服务与自己的用户目录服务进行交互。当一个用户试图访问应用服务器时，联盟服务对用户进行本地认证，认证通过后发布一个安全令牌。如果云提供商的认证系统接收该令牌，则允许用户访问该应用。这种方法较为复杂，但更便于实现单点登录功能。

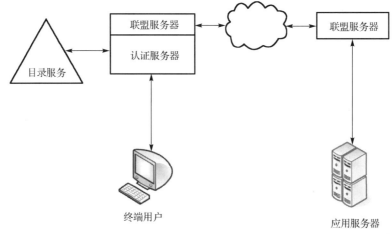

终端用户　　　　　　　　　　　　应用服务器

图 4-3　去中心的认证系统

4.3.2　应用授权

为了方便计算，用户可以授权一个云平台访问自己在另一个云平台上的数据，也可以用一个唯一的 URL 作为自己的身份登录多个网站，这些都需要协议的支持。常用的协议有 OAuth 和 OpenID 授权协议。

1．OAuth 协议

OAuth 协议是一个授权协议，它被服务提供者使用，允许其他的服务（称为消费方）访问服务提供者存储的用户数据，而无须将用户的认证证书透露给消费方。或者说，网站和应用程序（统称为消费方）能够在用户不透露其认证证书的情况下，通过 API 访问某个 Web 服务（统称为服务提供方）的受保护资源。

可以通过一个照片打印服务的例子来理解 OAuth 协议的作用。在这个例子中，照片打印服务是消费方，用户将照片存储在网络上的某个照片存储服务中，照片存储服务是服务提供方，被保存的照片是受保护的资源。现在，如果消费方和服务提供方彼此知道对方，并且都支持 OAuth 协议，那么用户就可以授予消费方访问其受保护资源（照片）的权限，而不需要将其在服务提供方的认证证书透露给消费方。

图 4-4 显示了 OAuth 协议的认证过程，包含以下步骤。

（1）消费方从服务提供方那里请求得到一个请求令牌。

（2）服务提供方给消费方提供一个身份认证标识。

（3）消费方将用户重定向到服务提供方的站点。

（4）服务提供方为请求令牌获取用户授权。

（5）服务提供方将用户重定向到消费方的站点。

（6）消费方请求将授权的请求令牌换成一个访问令牌。

（7）服务提供方给消费方提供访问令牌。

（8）消费方可以使用访问令牌访问受保护的资源。

Google 和 MySpace 等均是 OAuth 协议的服务提供方。

OAuth 协议对最终用户是透明的。当使用消费方提供的服务时，用户仅被重定向到服务提供方的站点上进行认证，认证通过后，又被重定向到消费方的站点。

由于 OAuth 协议过于依赖站点之间的重定向，用户一旦对登录过程中的站点重定向使用习惯，就会给那些非法站点带来可乘之机。它们会利用 OAuth 协议的特点，伪装一个服务提供方的页面，将用户重定向到该伪装页面上，骗取用户的认证证书。为了避免受到这种安全威胁，用户可以在浏览器中手工输入服务提供方访问地址，并且在服务提供方站点上手工输入请求令牌。这对于用户来说，无疑是一种更安全的方式，但是却大大降低了用户的使用体验。而且，这种方法也不能避免 DNS 欺骗的发生。所谓 DNS 欺骗，是指通过发送假的 DNS 信息，骗取用户登录到伪装的站点上，获取其认证证书。

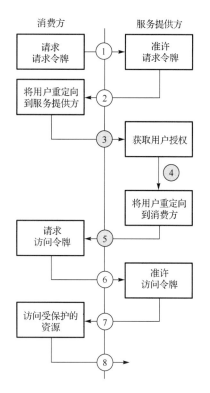

图 4-4　OAuth 协议的认证过程

2. OpenID 协议

当前，云计算平台上的服务越来越多，这些服务往往需要经过认证才能访问。用户为了使用这些服务，就必须申请合法的账号。久而久之，每个用户都不得不维护来自多个云服务提供商的账号。例如，很多用户既有来自 Google 的账号，也有来自购物网站的账号，这对于用户来说，已经成为一种负担。就此问题，OpenID 协议为用户提供了一种面向互联网上多个服务即用唯一的 OpenID 标识来识别自己的方法。用户无须将认证证书或其他个人信息透露给这些互联网服务站点，就可以使用其服务。使用 OpenID 协议，用户从 OpenID 服务提供商处申请账号后，就可以使用该账号登录其他多个网站。用户可以自主决定选择哪家 OpenID 服务提供商，并且可以在多家 OpenID 服务提供商之间进行切换。OpenID 是没有中心的，因此没有任何一家机构处于中心控制的地位。

图 4-5 显示了 OpenID 协议的认证过程，它包括下面 7 个步骤。

（1）最终用户出示标识来启动认证过程。

（2）依赖方（Relying Party）对用户提供的标识进行规范化，并执行 OpenID 提供者发现过程，以找到最终用户使用的 OpenID 提供者。这时，依赖方使用 Diffie-Hellman Key Exchange 建立与 OpenID 的关联。然后，OpenID 提供者就可以使用该关联对下面的所有消息进行签名。

（3）依赖方将最终用户及其 OpenID 认证请求重定向到被发现的 OpenID 提供者站点上。

（4）OpenID 提供者对用户进行认证。

（5）OpenID 提供者携带着认证是否成功的信息将最终用户重定向到依赖方站点。

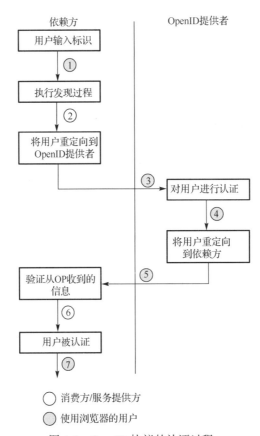

图 4-5　OpenID 协议的认证过程

（6）依赖方验证从 OpenID 提供者处接收的消息，如果依赖方和 OpenID 之间建立了关联，这些消息就可以基于签名被验证；否则，验证也可以通过向 OpenID 提供者直接发送一个请求来完成。

（7）用户被认证，并且可以继续使用依赖方提供的服务。

Yahoo!、微软、Google 和 IBM 等公司均是 OpenID 联盟的成员。其中，Yahoo!和 Google 等还对所有用户提供 OpenID。

与 OAuth 协议对最终用户透明的特点不同，OpenID 协议要求最终用户知道他们的 OpenID 账号及如何使用该账号。也可能正是因为这个原因，虽然 OpenID 有非常多的潜在用户（仅据 Yahoo!提供的统计数字，其 OpenID 账号于 2008 年 1 月已达到 3. 68 亿个），但这些用户也许并不知道他们已经拥有了 OpenID 账户，有些甚至从来没有听说过 OpenID。一个客观的原因是，很多 OpenID 提供者并非 OpenID 依赖方，因此，当来自其他 OpenID 提供者的 OpenID 账户并不能够登录 Yahoo!时，用户会感到非常困惑。只有当更多流行的站点成为 OpenID 依赖方时，OpenID 才会被更多的人使用。

OpenID 给最终用户带来的好处之一是，当用户从一个依赖方站点跳转到另一个依赖方站点时，他们只需要告诉另一个依赖方站点使用的 OpenID 提供者的信息，而无须进行重复的认证过程。这给用户带来了类似在多个依赖方站点之间进行单点登录的体验。

如果用户在使用某 OpenID 提供者提供的 OpenID 服务进行依赖方站点访问的过程中，

OpenID 提供者提供的 OpenID 服务失效了，那么此时用户就无法继续进行正常的依赖方站点访问。虽然 OpenID 是去中心的认证系统，用户可以在多个 OpenID 提供者之间进行切换，但是，由于无法实现用户在进行依赖方站点访问的过程中即时切换，OpenID 服务的失效对用户造成的影响仍然是非常大的。

OpenID 协议的安全隐患与 OAuth 协议的类似，它也容易受到站点欺骗和 DNS 欺骗的攻击。相应地，防范方法也与 OAuth 协议类似，首先，应该让用户确保其重定向到的 OpenID 提供者站点是正确的；其次，可以采用传输层安全机制。

4.4 云安全标准和法律法规

目前，有许多标准化组织和政府组织已着手研究云计算相关的安全标准和法律法规，并且产生了一些成果，但是相关的研究仍处于起步阶段，与成熟的、有约束力的、可操作的规范相比仍有距离。这些组织和它们的成果如下。

1. ISO/IEC

ISO/IEC JTC1/SC27（信息安全分技术委员会）于 2010 年 10 月启动了由 WG1、WG4、WG5 联合开展的研究项目《云计算安全和隐私》。目前，SC27 已基本确定云计算安全和隐私的概念体系架构且基于该架构，明确了 SC27 关于云计算安全和隐私标准研制的三个领域。

（1）ISO/IEC 270xx（信息安全管理）：由 WG1 负责研制。标准项目主要涉及要求、控制措施、审计和治理。目前，项目编号确定为 ISO/IEC 27017，其中的第二部分（即 ISO/IEC 27017-2）是目前 SC27 唯一一个云计算安全标准项目——《基于 ISO/IEC 27002 的云计算服务使用的信息安全管理指南》（标准类型属技术规范）。该项目是基于日本提案产生的，目前已形成工作草案文本。

（2）ISO/IEC 270yy（安全技术）：由 WG4 负责研制。主要基于现有的信息安全服务和控制方面的标准成果制定相关标准，必要时也可以专门制定相关云计算安全服务和控制标准。

（3）ISO/IEC 270zz（身份管理和隐私技术）：由 WG5 负责研制。主要基于现有的身份管理和隐私方面的标准成果制定相关标准，必要时可以专门制定相关云计算隐私标准。

2. CSA

云安全联盟（CSA）是在 2009 年的 RSA 大会上宣布成立的，成立目的是在云计算环境下提供最佳的安全方案。目前的成果有《云计算关键领域安全指南》《云计算的主要风险》《云安全联盟的云控制矩阵》《身份管理和访问控制指南》。CSA 已经与 ITU-T、ISO 等建立定期的技术交流机制，相互通报并吸收各自在云安全方面的成果和进展。CSA 目前所进行的工作主要是研究，并没有制定标准，所有的成果以研究报告的形式发布。

3. ENISA

欧洲网络与信息安全局（ENISA）目前发布了三本白皮书，分别是《云计算中信息安全的优势、风险和建议》《政府云的安全和弹性》《云计算信息保证框架》。在《政府云的安全和弹性》中，对政府部门提出了以下 4 点建议。

（1）分步、分阶段发展，因为云计算环境比较复杂，可能会带来一些没有预料到的问题。

（2）制定云计算策略，包括安全和弹性方面，该策略应能够指导 10 年内的工作。

（3）研究在保护国家关键基础设施方面，云计算能够发挥的作用和扮演的角色。

（4）建议在法律、法规、安全策略方面做进一步的研究和调查。

4. NIST

2010 年 11 月，美国国家标准技术研究院（NIST）云计算计划正式启动，该计划旨在支持联邦政府采用云计算来替代或加强传统信息系统和应用模式。由美国联邦政府支持，NIST 进行了大量的标准化工作，它提出的云计算定义被许多人当成云计算的标准定义。NIST 专注于为美国联邦政府提供云架构及相关的安全和部署策略，包括制定云标准、云接口、云集成和云应用开发接口等。目前，已经发布了多种出版物，包括《公共云中的安全和隐私指南》《云计算安全障碍和缓解措施列表》《美国联邦政府使用云计算的安全需求》《联邦政府云指南》《美国政府云计算安全评估与授权的建议》等。

5. 全国信息安全标准化技术委员会（TC260）

经中国国家标准化管理委员会批准，全国信息安全标准化技术委员会（简称信息安全标委会，TC260）于 2002 年 4 月 15 日在北京正式成立。信息安全标委会开展云计算安全方面的研究，承担多项云计算安全相关项目，设立了专门对云计算及安全进行研究的课题，并于 2011 年 9 月完成《云计算安全及标准研究报告 V1.0》。目前正在研究的标准项目有《政府部门云计算安全》《基于云计算的因特网数据中心安全指南》等。

6. 其他

分布式管理任务组（DMTF）已经发布了 OVF（开放虚拟化格式）1.0，目前正在制定 OVF 2.0，以解决虚拟云计算环境中出现的管理和互操作性问题。

结构化信息标准促进组织（OASIS）发布了《云计算使用案例中的身份管理》，制定了加密客户端和密钥管理服务器之间的通信协议 KMIP，并得到了 IEEE SISWG 和 CSA 的认可。

全球网络存储工业协会（SNIA）制定了一套云存储系统管理接口《云数据管理接口规范 CDMI 1.0》，已经通过了 NIST SAJACC 使用案例的初次测试。

第 5 章

云操作系统

计算机技术及其应用需求的多样性，造就了操作系统领域技术和产品的丰富多彩。而无论信息技术世界如何纷繁多变，为计算机系统提供基础支撑始终是操作系统永恒的主题。

5.1 计算机软件与操作系统

5.1.1 计算机软件的发展

计算机软件是计算机系统执行某项任务所需的程序、数据及文档的集合。作为计算机系统的重要组成部分，它已经逐渐渗透到人类社会、经济、生活的方方面面。C++语言的设计者、著名计算机科学家本贾尼·斯特劳斯特卢普（Bjarne Stroustrup）在演讲中多次提到"人类文明运行在软件之上"。美国著名发明家和计算机科学家雷·库兹韦尔（Ray Kurzweil）在其《奇点临近：当计算机智能超越人类》一书中断言："如果地球上所有软件都突然停止工作，那么人类现代文明也会戛然而止。"

计算机软件技术体系主要涉及 4 个方面：软件范型、软件开发（构造）方法、软件运行支撑及软件质量度量与评估。软件范型是从软件工程师（或程序员）视角看到的软件模型及其构造原理，是软件技术体系的核心。软件范型的每次演变都会引发软件开发方法和运行支撑技术的相应变化，并促使新的软件质量度量和评估方法的出现。

随着计算平台从单机向多机、网络，乃至开放互联网的演变，软件也从最初单纯的计算与数据处理拓展到各行各业的应用。在过去的 60 多年中，软件范型经历了无结构、结构化、面向对象、面向构件/面向服务化的演变历程，每次变化都会促进软件技术的螺旋式上升。从该历程中可以看出推动计算机软件技术发展的几个基本动因，即追求更具表达能力、更符合人类思维模式、易构造、易演化的软件模型；支持高效率和高质量的软件开发；支持高效能、高可靠和易管理的软件运行等。

进入 21 世纪，互联网计算环境下的软件形态出现了一系列新的特点。从软件范型的研究角度来看，研究对象从"产生于相对封闭、静态、可控环境下的传统软件"转变为"运行于开放、动态、难控的网络环境下的复杂软件"；质量目标的重心从"指标相对单一的系统内部和外部质量"转变为"指标比较综合的以可信度和服务质量为主的使用质量"；构造方法从"满足功能需求并保障功能正确性"转变为"满足质量需求并保障可信度和服务质量"；运行支撑从"凝练共性应用功能并保证软件正确运行"转变为"凝练共性管理功能并保证软件可信、高服务质量运行"。

在软件技术体系中，操作系统是软件运行支撑技术的核心，是管理硬件资源、控制程序运行、改善人机界面和为应用软件提供支持的一种系统软件，它运行在计算机上，向下管理计算机系统中的资源（包括存储、外设和计算等资源），向上为用户和应用程序提供公共服务。

结构上，操作系统大致可划分为如图 5-1 所示的三个层次，分别是人机接口、系统调用和资源管理。人机接口负责提供操作系统对外服务、与人交互的功能。资源管理是指对各种底层资源进行管理，存储、设备和计算单元等都是操作系统管理的对象。系统调用是位于人机接口和资源管理之间的一个层次，提供从人机接口到资源管理的调用功能。一个完整的操作系统层次结构如图 5-1 所示。

图 5-1　一个完整的操作系统层次结构

操作系统发展的初期是单机操作系统，主要为计算机硬件的发展提供更好的资源管理功能，同时为新的用户需求提供更好的易用性和交互方式。随着网络技术的发展，计算机不再是孤立的计算单元，而是经常要通过网络同其他计算机进行交互与协作。因此，对网络提供更好的支持成为操作系统发展的一个重要目标。在操作系统中逐渐集成了专门提供网络功能的模块，并出现了最早的网络操作系统（Networking Operating System）。为了更好地提供对网络的支持，在操作系统之上增加了新一层系统软件——网络中间件，作为对操作系统的补充，网络中间件专门向上提供屏蔽下层异构性和操作细节的与网络相关的共性功能。

进入 21 世纪以来，随着互联网的快速发展和普及，几乎所有的计算机系统及其操作系统都提供了方便的网络接入和访问能力。尽管如此，传统操作系统的主要管理目标依然是单台计算机上的资源。如果把互联网当作一台巨大的计算机（Internet as a Computer），那么如何能够管理好互联网平台上的海量资源，为用户提供更好的服务，已经成为互联网时代操作系统亟须解决的问题。在传统操作系统的核心功能基本定型后，面向互联网就成为操作系统发展的新主线。

可以看到，软件范型和操作系统在发展过程中彼此促进、共同成长。在早期的单机时代，软件范型和操作系统都处于原始的无结构形态。随着软件范型的结构化，出现了以 UNIX 为代表的结构化操作系统，并且直到现在依然流行。在面向对象软件范型的时代，出现了以 IBM OS/2 2.0、Java OS 等为代表的面向对象操作系统。到了网络时代，随着软件范型向构件化、服务化等方向的演化，为了更好地支持网络功能，操作系统也提供了中间件、SOA 等机制作为单机操作系统的补充。

近年来，学术界和产业界都提出了面向不同领域的操作系统的概念和实现。虽然它们可能被采用不同的名字，如云操作系统、物联网操作系统、机器人操作系统、数据中心操作系统等，但是它们本质上都是面向互联网的操作系统，而且这些操作系统所支持的云计算、物联网、大数据等互联网应用都符合网构软件的一系列特征。

5.1.2 操作系统的发展简史

1956 年，出现了历史上第一个实际可用的操作系统 GM-NAA I/O，这一系统是由通用汽车公司（General Motors）和北美航空（North American Aviation）联合研制的在 IBM 704 计算机上运行的管理程序，通过提供批处理的功能，弥补处理器速度和 I/O 之间的差异，来提高系统效率。随着计算机系统能力的进一步增强，又出现了分时系统和虚拟机的概念，可以把一台大型计算机共享给多个用户同时使用。最早的计算机只用来满足科学与工程计算等专用功能，操作系统缺乏通用性。随着新应用需求的不断出现，最早软硬件捆绑的系统已无法满足灵活多变的应用需求，提供通用和易用的用户接口逐渐成为操作系统发展的必然选择。

第一个公认的现代操作系统是从 20 世纪 70 年代开始得到广泛应用的 UNIX 系统。该系统是第一个采用与机器无关语言（C 语言）来编写的操作系统，从而可以提供更好的可移植性。采用高级语言编写操作系统具有革命性意义，不仅极大地提高了操作系统的可移植性，还促进了 UNIX 和类 UNIX 操作系统的广泛使用。

从 20 世纪 80 年代开始，以 IBM 计算机为代表的个人计算机（PC）开始流行，开启了个人计算机时代。计算机上的典型操作系统包括苹果公司的 MacOS 系列、微软公司的 DOS/Windows 系列以及从 UNIX 系统中衍生出来的 Linux 操作系统。这一时代的操作系统主要面向个人用户的易用性和通用性需求，一方面提供现代的图形用户界面（GUI），可以很好地支持鼠标、触摸板和触摸屏等新的人机交互设备；另一方面提供丰富的硬件驱动程序，使用户可以在不同的计算机上使用相同的操作系统。

进入 21 世纪之后，在个人计算机普及的同时，出现了以智能手机为代表的新一代移动计算设备，如黑莓（BlackBerry）、iPhone 和 Google Android 手机，智能手机性能很好，已经成为新一代的小型计算设备。在智能手机上运行的操作系统从核心技术上讲，与传统运行在计算机上的操作系统并无实质性变化，主要是着眼于易用性和低功耗等的特点，对传统操作系统（如 Linux）进行了相应的裁剪，并开发了新的人机交互方式与图形用户界面。

近年来，绝大多数计算机采用的处理器已经从单核处理器发展为双核、四核甚至多核，然而目前的多核处理器上采用的操作系统依然是基于多线程的传统架构，很难充分利用多核处理器的并行处理能力。为此，研究人员已经在尝试专门针对多核处理器开发多核操作系统的原型，但尚未得到广泛的推广和应用。

总体来看，单机操作系统发展的主要目的是更好地发挥计算机硬件的效率及满足不同应用环境与用户的需求。在 UNIX 系统出现之后，单机操作系统的结构和核心功能基本定型，后续的发展主要是为了更好地适应不同的应用环境与用户需求而推出的新型用户界面与应用模式，以及裁剪针对不同应用领域的操作系统功能。

进入网络时代之后，操作系统发展的一个新方向主要是提高操作系统的网络支持能力。操作系统的网络支持能力大致可以分为两个层次：一个层次是通过扩展操作系统的功能来支持网络化的环境，适应局域网、广域网及 Internet 的逐步普及，主要提供网络访问和网络化资源管理的能力；另一个层次是在操作系统和应用程序之间出现了新的一层系统软件——中间件（Middleware），利用提供通用的网络相关功能，支撑以网络为平台的网络应用软件的运行和开发。

20 世纪 90 年代出现了"网络操作系统（Networking Operating System，NOS）"的概念，如 Novell Netware、Artisoft LANtastic 等系统。严格来讲，这一类网络操作系统仅在原来单机操作系统之上添加了对网络协议的支持，从而使原本独立的计算机可以通过网络协议来访问局域网（或者广域网）上的资源，本质上并不是现代意义上的网络化操作系统。

随着互联网的快速发展，操作系统面向的计算平台正在从单机平台和局域网平台向互联网平台转移。操作系统除需要提供网络支持能力外，更重要的是需要解决如何管理互联网平台上庞大的计算资源和数据资源，如何更好地利用分布式的计算能力等诸多问题。在互联网时代，随着单机操作系统的核心功能基本定型，网络化逐渐成为主流趋势。

在互联网流行之后，出现了"互联网操作系统（Internet Operating System，IOS）"的概念，许多组织和个人都曾经提出或者尝试开发过被称为 Internet OS 的软件和系统，例如，著名操作系统专家、曾在 Amiga 个人计算机上首次引入多任务概念的卡尔·萨森拉斯（Carl Sassenrath）就曾推出基于他发明的 REBOL 语言的 REBOL 互联网操作系统。IOS 主要面向企业级用户，提供比 E-mail、Web 和即时通信（IM）更为先进的群组交流功能，包括实时交互、协作和共享机制。IOS 中还提供了大量的常见应用，所有应用都可以动态更新，并且开发和部署周期非常短。

对于 IOS 到底应该是什么样子，以及它所涉及的范围到底有多大，一直都没有形成共识。提姆·奥莱理（Tim O'Reilly）（著名 IT 出版商 O'Reilly 出版公司的创办人，Web 2.0 的倡导者之一）在 2010 年发表了关于 OS 现状的看法（*The state of Internet operating systems*），提出"包括 Amazon Web Services、Google App Engine 和 Microsoft Azure 在内为开发者提供存储和计算访问的云计算平台是正在涌现的 Internet 操作系统的核心"。奥莱理认为，现代的 IOS 应当包括以下功能：搜索、多媒体访问、通信机制、身份识别和社交关系图、支付机制、广告、位置、时间、图形和语音识别、浏览器。这在一定程度上表明，新兴互联网应用拥有的更多共性功能正在逐渐凝练为新的共性基础设施，这些共性在未来会逐步转变为网构操作系统中的一部分。

近年来，面向不同的互联网计算与应用模式，国内外都提出了许多面向云计算和数据中心的云操作系统。目前，尚未有关于云操作系统的权威定义。知名信息技术网站 Techopedia 将云操作系统（Cloud Operating System）定义为设计用于管理云计算和虚拟化环境的操作系统。

云操作系统管理的对象包括虚拟机的创建、执行和维护，虚拟服务器和虚拟基础设施，以及后台的软硬件资源。

除此之外，随着移动互联网和物联网的发展，出现了面向不同领域的操作系统的概念和实现，如物联网操作系统、机器人操作系统、企业操作系统、城市操作系统、家庭操作系统等，它们本质上都是面向新型互联网应用而构建的支持这些应用的开发和运行的网络化操作系统。

5.1.3 操作系统的软件定义本质

随着软件定义网络的发展，近年来出现了各种各样不同的软件定义概念。软件定义的核心技术途径是硬件资源虚拟化和管理功能可编程。

所谓硬件资源虚拟化，是将硬件资源抽象为虚拟资源，由系统软件实现对虚拟资源的管理和调度。如常见的操作系统中虚拟内存对物理内存的虚拟、伪终端对终端的虚拟、Socket 对网络接口的虚拟、逻辑卷对物理存储设备的虚拟等。硬件资源虚拟化带来了许多好处，例如，支持物理资源共享，提高了资源利用率；屏蔽了不同硬件之间的差异，简化了对资源的管理和调度；通过系统调用接口对上层应用提供统一的服务，方便进行程序设计；应用软件和物理资源在逻辑上分离，各自可分别进行独立的演化和扩展并保持整个系统的稳定。

管理功能可编程则是应用软件对通用计算系统的核心需求，主要表现在访问资源所提供的服务及改变资源的配置和行为两个方面。在硬件资源虚拟化的基础上，用户不仅能够编写应用程序，通过系统调用接口访问资源所提供的服务，而且能够灵活管理和调度资源，改变资源的行为，以满足应用对资源的多样需求。所有硬件资源在功能上都应该是可编程的，如此软件系统才可以对其实施管控，一方面发挥硬件资源的最佳性能；另一方面满足不同应用程序对硬件的不同需求。从程序设计的角度，管理功能可编程意味着计算系统的行为可以通过软件进行定义，成为所谓的软件定义的系统。

作为计算系统中最为重要的系统软件，操作系统一方面直接管理各种硬件资源，另一方面作为虚拟机向应用程序提供运行环境。从操作系统的出现、发展和功能基本定型的过程中不难发现，操作系统实际上就是对计算系统进行软件定义的产物。相对于最早的硬件计算机，操作系统可视为一种软件定义的虚拟计算机，它屏蔽了底层硬件细节，由软件对硬件资源进行管理，用户不再直接对硬件进行编程，而是通过应用编程接口（API）改变硬件行为，实现更优的灵活性、通用性和高效性。在此意义上，操作系统体现了软件定义的系统技术的集成。当前出现的所谓软件定义的网络、软件定义的存储等技术，如同设备互联技术、磁盘存储技术之于单机操作系统一样，本质上反映了网构操作系统对网络化、分布式设备的管理技术诉求，也将成为网构操作系统核心的底层支撑技术，并在操作系统的整体协调下，发挥最佳的功效。以云计算管理系统为例，作为一种互联网环境下的新型网构操作系统，通过软件定义技术对网络化、规模化的各种计算资源进行高效灵活的管理。云计算管理系统通过软件定义的途径，一方面实现资源虚拟化，达到物理资源的共享和虚拟资源的隔离；另一方面实现管理功能可编程，打破传统硬件有限配置能力的桎梏，为用户的业务需求提供高效、灵活、随需应变的支撑。因此，云计算管理系统作为一种新兴的操作系统，是贯穿硬件资源虚拟化、管理功能可编程特性的一个典型软件定义的系统。

5.2 UNIX 类操作系统的发展

目前，云数据中心单台机器节点上的操作系统基本都是从 UNIX 类操作系统发展而来的，构建在此基础之上的才是云操作系统。因此，本节首先介绍 UNIX 类操作系统的发展。

5.2.1 UNIX 系统简介

1971 年，UNIX 诞生于美国 AT&T 公司的贝尔实验室。经过 40 多年的发展和完善，UNIX 已经成为一种主流的操作系统技术，基于此项技术的产品也形成了一个大家族。UNIX 技术始终处于国际操作系统领域的主流地位，它支持多用户和多任务，网络和数据库功能强，可靠性高，伸缩性突出，并支持多种处理器架构，在巨型计算机、服务器和普通个人计算机等多种硬件平台上均可运行。

UNIX 的家族庞大，从贝尔实验室的 UNIX V，到伯克利的 BSD、DEC 的 Ultrix、惠普的 HP-UX、IBM 的 AIX、SGI 的 IRIX、Novell 的 UnixWare、SCO 的 OpenServer、Compaq 的 Tru64 UNIX 等，甚至苹果公司的 MacOS X、教学用的 Minix 和开源 Linux 等都可以从 UNIX 版本演化或技术属性上归入 UNIX 类操作系统，它们为 UNIX 的发展做出了巨大贡献。

同时，UNIX 复杂的版本演化导致系统间相互不兼容，还带来了知识产权纷争。1980 年前后，美国 AT&T 公司启动的 UNIX 商业化计划，导致了第一次 UNIX 知识产权纷争，也催生出将源代码视为商业机密的基于二进制机读代码的版权产业（Copyright Industry）。同时，还催生出 GNU 计划和 Copyleft 版权模式及教学用 UNIX——Minix。此外，也推动了 FreeBSD、Linux 等开放源代码 UNIX 类操作系统的普及与发展。1993 年，当诺威尔公司将 UNIX 商标和后来演变为"统一 UNIX 规范（Single UNIX Specification）"的规范转交给 X/Open 时，UNIX 开始变成一个商标品牌和规范认证。任何 UNIX 厂商都可以申请认证，UNIX 95、UNIX 98 或 UNIX 03 会颁发给那些符合这些规范的产品，并成为这些产品上应用迁移难易程度的标志。从诞生之初的开放代码方式，到各商业 UNIX 版本发展，再到 Sun 公司以 OpenSolaris 项目为代表的开源模式，UNIX 在开源与不开源的竞争中，在知识产权纷争的影响中不断前行。

现在，UNIX、Linux 和 Windows 成为三大类主流操作系统。UNIX 作为应用面最广、影响力最大的操作系统之一，一直是关键应用中的首选操作系统。从技术属性上看，Linux 应当归属于类 UNIX 操作系统（UNIX-like），但 Linux 作为 UNIX 技术的继承者，已日渐成为 UNIX 后续发展的重要替代产品和有力竞争者。面对 Linux 的冲击，传统 UNIX 厂商

（包括 Sun、SCO、IBM、惠普、SGI 等）在对立、支持或观望中做着不同的选择。而在高速发展的同时，Linux 也面临着不同发行版本之间的不兼容及 Linux 与 GNU 理念及其 Hurd 内核之间潜在的冲突隐患。此外，传统商业 UNIX 厂商还通过并购及发布功能不断增强的 UNIX 新版本来完善自己。UNIX 就是这样在与 Linux、Windows 的竞争中，在矛盾冲突中及自身不断发展中前行。

为便于叙述和理解，本节将 UNIX 类操作系统主要成员分成两大类：商业版 UNIX 操作系统和类 UNIX 操作系统。其中，商业版 UNIX 是指基于美国 AT&T 公司贝尔实验室的 UNIX 逐步演化发展而来的各种 UNIX 版本。传统意义上，它们以商业发行为主，如 Solaris、OpenServer、UnixWare、AIX、Tru64 UNIX、HP-UX、IRIX 等。类 UNIX 操作系统是指那些与 UNIX 有渊源，但按法律和商业惯例不能佩戴 UNIX 标志的系统（如 BSD），或者那些虽与贝尔实验室的 UNIX 没有"血缘"关系，但技术属性上与 UNIX 类似或有关的系统，包括 Minix 和 Linux 等。图 5-2 展现了 UNIX 系统的发展历史。

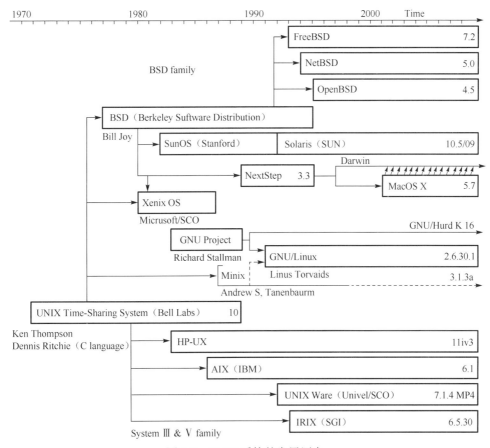

图 5-2　UNIX 系统的发展历史

5.2.2　UNIX 家族的演化

UNIX 家族的演化大致可以分为三个阶段：初始研发阶段、商业推广阶段、成熟应用阶段。

1．初始研发阶段

20 世纪 70 年代是 UNIX 初始研发阶段。1969 年，贝尔实验室研究人员肯·托普森（Ken Thompson）在推出 Multics 项目时，准备将原本在 Multics 系统上开发的"太空旅行"游戏转移到 DEC PDP-7 上运行。在转移游戏程序运行环境的过程中，托普森和里奇共同动手设计了一套包含文件系统、命令解释器及一些实用程序的支持多任务的操作系统。与 Multics 相对应，这个新操作系统被同事开玩笑取名为 UNICS（UNiplexed Information and Computing System），之后取谐音便叫成了 UNIX。1971 年 11 月 3 日，UNIX 第一版（UNIX V1）正式诞生。

1972 年，UNIX 发布了第二版，最大的改进是添加了后来成为 UNIX 标志特征之一的管道功能。在开发 UNIX V2 时，里奇给 B 语言加上了数据类型和结构的支持，推出了 C 语言。随后，托普森和里奇用 C 语言重写了 UNIX。用 C 语言编写的 UNIX V4 代码简洁紧凑、易移植、易读、易修改，为此后 UNIX 的快速发展奠定了坚实基础。

1979 年，System V 架构的 UNIX 发布。这是历史上第一个完整意义上的 UNIX 版本，也是最后一个广泛发布的研究型 UNIX 版本。

从以上描述可以看出，初期的 UNIX 是自由发展的，依靠的也是美国 AT&T 公司工程师的"自觉"努力，因而在这段时间，UNIX 的发展完全没有组织和系统可言。初期的 UNIX 版本发布时附有完整的源代码，为大家研究和发展 UNIX 提供了基础。这种形式带来如下好处：一方面培养了大量懂得 UNIX 使用和编程的学生，使得 UNIX 更为普及；另一方面使科研人员能够根据需要改进系统，或者将其移植到其他的硬件环境中。UNIX 历史上著名的 BSD 就是这样发展起来的。

1974 年，托普森和里奇在《美国计算机通信》上发表了关于 UNIX 的文章，引起了加州大学伯克利分校（University of California, Berkeley）费布雷（Bob Febry）教授的极大兴趣，他决定将 UNIX 带到伯克利。

1975 年，UNIX V6 到达伯克利。托普森也应邀回母校——加州大学伯克利分校任客座教授，讲授的科目就是 UNIX。同年，乔伊（Bill Joy）大学毕业来到伯克利分校。当 UNIX V6 安装在学校的 PDP-11/70 机器上后，乔伊和他的同事便开始完善 Pascal 的性能，编写 ex 编辑器及 csh 命令解释器等。1977 年初，乔伊制作了一卷包含新的 Pascal 编译器、ex 等程序的磁带，这就是 1BSD（1st Berkeley Software Distribution）。1983 年，4.2 BSD 发布，它是 UNIX 历史上第一个包含 TCP/IP 协议栈及 rcp、rlogin 等网络工具的系统。

在这一阶段中，尽管 UNIX 在教育、科研领域声誉日隆，但对计算机产业的影响仍然有限，原因在于它还只是一项非商业运作的技术。

2．商业推广阶段

UNIX 商业化实质上意味着将产生各种独立的 UNIX 版本。

1980 年，美国 AT&T 公司发布了 UNIX 的可分发二进制版（Distribution Binary）许可证，启动了将 UNIX 商业化的计划。

1981 年，美国 AT&T 公司基于 UNIX V7 开发了 UNIX System Ⅲ 的第一个版本（1982

年发布)。这是一个商业版本，仅供出售。

1983 年，美国 AT&T 公司成立了 UNIX 系统实验室(UNIX System Laboratories,USL)，并综合其他大学和公司开发的各种 UNIX,开发出 UNIX System V Release 1(简称 SVR1)。这个新的 UNIX 商业发布版本不再包含源代码。

20 世纪 80 年代,UNIX 开始被修改并安装到 DEC 公司的 PDP 和 Interdata 系列、IBM 的 Series1 系列及 VM/370 等其他计算机平台上。许多公司也开始结合各自的硬件平台开发自己的 UNIX，其中较有名的包括 SunOS、Ultrix、SCO XENIX、HP-UX、AIX 和 IRIX 等。

Sun 公司是最早的工作站厂商，并一直在 UNIX 工作站领域发展，在 UNIX 技术方面做出过许多贡献。1982 年，乔伊离开加州大学伯克利分校，参与 Sun 公司的创立，并很快基于 4.1 BSD 开发了 SunOS 1.0。1992 年，Sun 公司基于美国 AT&T 公司 UNIX SVR 4.2 开发了 Solaris 2.0。Solaris 主要是针对 Sun 处理器 SPARC(Scalable Processor Architecture) 开发的，目前也支持其他多种系统架构，包括 x86、AMD64 和 EM64T。

1980 年，微软基于 UNIX V7 开发了运行在 Intel 平台上的 UNIX 操作系统 XENIX。1982 年，SCO 公司成为微软的合作开发商，并于 1983 年开始发布 SCO XENIX System V,将其用于 Intel 8086、8088 处理器系列的个人计算机。在此基础上，SCO 公司不断引入美国 AT&T 公司技术，逐渐发展成为 SCO OpenServer 系列。

除了 SCO XENIX 是基于开放的 x86 硬件平台，其他的主流商业版 UNIX 系统基本都是结合厂商自己的工作站、服务器等硬件设备研发的，其发行也是基于各自的硬件平台完成的。虽然 UNIX 呈现出商业推广的繁荣发展，但是各版本间的分化和由此带来的互不兼容问题也比较严重。另外，UNIX 商业推广开始与其早期的研发阶段"自由、宽松"的源代码授权发行方式产生冲突，知识产权之争在所难免。

UNIX 的商业化计划和知识产权之争至少带来两方面结果：一是崇尚自由共享理念的研究人员开始了一系列自由/开源软件项目或计划，其中包括 FreeBSD、NetBSD、OpenBSD 等，以及今天对 UNIX 构成强力竞争的 GNU 计划和 Linux；二是几乎所有的主流商业版 UNIX 厂商都改用美国 AT&T 公司的 UNIX SVR4 作为各自制作移植版本的基础，而源代码无须发布。

3. 成熟应用阶段

随着 UNIX 技术的不断发展和市场推广的不断进步，20 世纪 90 年代中后期以来，UNIX 逐步进入成熟应用阶段，它已经成为大型机、服务器及工作站的主要操作系统。当前，作为关键应用中的首选操作系统，UNIX 依然保持着旺盛的生命力。

5.3 云操作系统概述

5.3.1 基本概念

云操作系统是指构架于服务器、存储、网络等基础硬件资源和单机操作系统、中间件、数据库等基础软件之上，管理海量的基础硬件、软件资源的云平台综合管理系统，它主要有三个作用，一是管理和驱动海量服务器、存储等基础硬件，将一个数据中心的硬件资源逻辑上整合成一台服务器；二是为云应用软件提供统一、标准的接口；三是管理海量的计算任务及资源调配和迁移。表 5-1 展示了传统操作系统与云操作系统的区别。

表 5-1 传统操作系统与云操作系统的区别

	管理的资源	运行的例程	接口功能	包含的分布式库
传统操作系统	一台或多台计算机	调度器、虚拟内容分布、文件系统和中断处理程序	提供管理底层硬件的库函数	标准分布式库和软件包
云操作系统	云资源	提供更多附加功能，虚拟机的分配和释放、任务的分配和融合	提供基于网络的接口管理资源	为分布式应用提供自主扩展和灵活调度的软件支持

云操作系统的三大特点如下。

（1）网络化。将云计算作为任务发送给各个处于不同地理位置的服务器处理，得到结果后返回。这种网络是一种云网络，能最有效地利用服务器的计算性能，为用户提出的云计算任务提供高效的计算服务。

（2）安全。云计算在逻辑上的安全性，也就是说，云计算通过云服务，可以采用多种多样的安全保障措施来保证数据的安全。一是云网络操作系统内存的安全性，这种安全性于本地来说是严格受限的计算。任何服务都是相互隔离的，用户任务各个数据之间没有任何内在相关性。二是云网络的逻辑安全性。在云网络中传输的数据是受严格保护的，包括使用各种各样的数据加密措施来保障云计算任务与数据的安全，包括冗余存放、多重备份的网络式存储。

（3）具有计算的可扩充性。本地硬件资源不足可以动态地申请网络硬件资源来为用户服务，这对于用户来说是透明的、不可见的，云操作系统将使软件即服务成为主要的软件服务，从根本上杜绝了软件盗版问题。云操作系统内在的网络化及安全性，保障了计算的分布式实现。

5.3.2 云操作系统实例

1. VMware vSphere

VMware vSphere 是业界第一款云操作系统，是由虚拟化技术衍生出来的。VMware vSphere 能够更好地进行内部云与外部云之间的协同，构建跨越多个数据中心及云提供商的私有云环境也成为其基本功能。VMware vSphere 在功能和技术上都不断地进行更新，目前的版本为 6.7。VMware vSphere 5 允许虚拟机拥有 32 路 SMP（对称式多处理器）和 1TB 内存、重新设计的 HA 架构、存储 DRS（数据反应系统）、配置文件驱动的存储、自动化主机部署、新的基于 Linux 的 VMware vCenter 服务器设备，并且取消了 ESX 以支持 ESXi（服务器硬件集成），同时还对 Auto-Deploy 功能进行了强化。

2. 甲骨文 Solaris

Oracle Solaris 11 是甲骨文的一款云操作系统，能在 SPARC、x86 服务器和 Oracle 集成系统上建立大型企业级 IaaS、PaaS 和 SaaS。Oracle Solaris 11.1 提供了 300 多项新性能和增强功能，旨在与 Oracle 数据库、中间件、应用软件实现共同集成、简化管理，并对

Oracle 部署提供自动化支持；它针对最新的数据库技术进行了升级，所提供的性能、可用性和 I/O 吞吐量在运行 Oracle 数据库的 UNIX 平台中是最高的。

3．浪潮云海 OS

浪潮云海是第一款国产的云计算中心操作系统，采用"Linux+Xen"开放标准技术路线，支持分布式计算、分布式存储等，性能更好、可用性更强、成本更低，于 2010 年年底发布。2017 年，浪潮发布了面向下一代云数据中心和云原生应用的智慧云操作系统——云海 OS 5.0。浪潮云海 OS 5.0 全面基于 OpenStack 架构，并提供卓越的功能性、可用性、安全性和工具化优势，在云服务、微服务、Docker 功能上进一步提升。

4．微软 Windows Server

2012 年 9 月，微软正式发布了 Windows Server 2012 操作系统，微软称该操作系统是公司的第一个云操作系统。理论上，Windows Server 2012 每个服务器都能够支撑 320 个处理器、4TB 物理内存，每台虚拟机都能够搭载 64 个虚拟处理器，通过 Hyper-V 能够扩展到 1TB 的内存，并不需要支付额外的费用。虚拟磁盘空间扩展到 64TB，性能得到了 32 倍的提升，SQL 数据库 99% 都实现了虚拟化。

5．曙光 Cloudview 云操作系统

曙光 Cloudview 是一款面向公有云和私有云的云操作系统，通过网络将 IT 基础设施资源、软件与信息按需提供给用户使用，支持 IaaS 服务，并通过部署平台服务软件和业务服务软件支持 PaaS 服务和 SaaS 服务，它采用模块化、可插拔的设计理念，向用户提供按需使用、易于管理、动态高效、灵活扩展、稳定可靠的新一代云计算中心。曙光 Cloudview 可支持 Xen 和 VMware 虚拟化技术，为用户提供自助式服务界面，管理员可以根据用户的需求添加或删除资产模板，同时还实现多租户资源共享、安全隔离和按需弹性计算等功能，大大降低了云计算中心的管理难度，能够大幅度提升云计算中心业务敏捷性，提高服务质量。

6．华为 FusionSphere

华为云操作系统 FusionSphere 是华为自主创新的一款操作系统，提供强大的虚拟化功能和资源池管理、丰富的云基础服务组件和工具、开放的运维和管理 API 接口等，专门为云计算环境设计。FusionSphere 能够支持多厂家硬件及虚拟机，增强了面向企业关键应用及运营商业务所需的关键特性。FusionSphere 在提升数据中心整体资源利用率的同时，消除了客户对数据中心基础设施层厂家垄断（Vendor Lock-In）的担忧，使企业在各种云环境内能够无缝迁移。

7．阿里巴巴 YunOS

YunOS 是阿里巴巴集团研发的智能操作系统，融合了阿里巴巴集团在大数据、云服务及智能设备操作系统等多领域的技术成果，并且可搭载于智能手机、互联网汽车、智能家居、智能穿戴设备等多种智能终端，YunOS 通过可信的感知、可靠的连接、分布式计算及高效流转的服务实现万物互联。YunOS 基于 Linux 研发，搭载自主研发的核心操作系统功能和组件，支持 HTML 5 生态和独创的 CloudCard 应用环境，增强了云端服务能力。

2017 年 9 月，阿里巴巴发布全新的 AliOS 品牌及口号，面向汽车、IoT 终端、IoT 芯片和工业领域研发物联网操作系统，并整合原 YunOS 移动端业务。

5.3.3　云操作系统的挑战

大数据时代对数据的处理方法提出了新的要求，单台机器已经无法满足计算所需的资源。因此，一些新型的应用程序不断被推出，这些应用程序不再适合单个服务器，而是运行在数据中心内的一组服务器上，例如，Apache Hadoop 和 Apache Spark 等分析框架，Apache Kafka 等消息代理框架，Apache Cassandra 等关键值存储及面向客户的应用程序（如 Twitter 和 Netflix 运行的应用程序）。

这些新型的应用程序不仅是应用程序，还是一个分布式系统。正如在单机中构建多线程应用程序一样，为数据中心构建分布式系统已经变得司空见惯。但是开发人员很难建立分布式系统，运营商也很难运行分布式系统。原因在于人们使用了错误的抽象层次——机器。

在大数据时代，以机器为单位构建和运行分布式应用程序并不是很好的抽象层次。将机器作为抽象概念暴露给开发人员，使工程更加复杂化，软件的构建会受限于机器的特定特性（如 IP 地址和本地存储）。这使移动和调整应用程序变得更加困难，迫使数据中心的维护成为一个很不友好的过程。

以机器作为抽象，当运营商部署应用程序来估计机器性能时，通常会采用每台机器部署一个应用程序这种最简单和最保守的方法，但机器的资源并没有得到充分利用，因为应用程序并不是为特定的机器定制打造，机器的资源通常得不到充分的利用。

例如，如果现在创建用于分布式计算的 POSIX 是一个用于在数据中心（或云）中运行的分布式系统的便携式 API，那么可将数据中心划分为高度静态、高度不灵活的机器分区，每个分区中运行一个分布式应用程序。

不同的应用程序运行在不同的分区，显然，这种分配方式的资源利用率较低，且框架之间无法共享资源。随着微服务的发展，面向服务的体系结构替换了单一体系结构并构建了更多基于微服务的软件，这将导致分区数量大量增加。

使用传统静态分区的方式将会带来如下问题。

（1）为了防止分区中的机器发生故障，需要增加额外的配置，或者快速重新配置另一台机器，这些措施会导致成本的上涨。

（2）在资源利用率上，为了满足应用的负载要求，我们会为应用分配峰值容量所需的资源，这意味着当流量处于最低状态时，所有的过剩容量都将被浪费。这就是一个典型的数据中心的效率只有 8%～15%的原因。

（3）在运行维护上，以机器作为抽象，数据中心必须有大量的运维人员来手动配置和维护每个分区中的应用程序。此时，运维人员或许将成为数据中心发展的瓶颈。

5.3.4　新一代云操作系统的职责与功能

既然传统操作系统已经很难满足数据中心的需求，那么云操作系统应该是什么样的呢？

从运营商的角度来看，云操作系统将跨越数据中心（或云）中的所有机器，并将它们聚合成一个运行应用程序的巨大资源池，不需要再为特定的应用程序配置特定的机器。所有应用程序都可以在任何机器上使用任何可用资源，即使这些机器上已经有其他应用程序正在运行。

从开发人员的角度来看，云操作系统将作为应用程序和机器之间的中介，提供通用接口来简化构建分布式应用程序。

云操作系统不需要替换我们在云中使用的 Linux 或任何其他主机操作系统。云操作系统将在主机操作系统上提供软件堆栈，通过使用主机操作系统来提供标准执行环境，无须对现有的应用程序做任何修改即可正常运行。

云操作系统将为数据中心提供类似于单台机器上主机操作系统所提供的功能：资源管理和进程隔离。如同使用主机操作系统一样，云操作系统将允许多个用户同时执行多个应用程序（由多个进程组成），跨共享资源集合，并在这些应用程序之间显式隔离。

1. 云操作系统和传统操作系统比较

想象一下，如果用户在笔记本电脑上运行应用程序，每次启动 Web 浏览器或文本编辑器时，都必须指定要使用的 CPU、可寻址内存模块、可用的缓存等，那将是一件非常烦琐的事。值得庆幸的是，我们的笔记本电脑拥有一个操作系统，可以将我们从人工资源管理的复杂性中抽象出来。

事实上，工作站、服务器、大型机、超级计算机和移动设备都有操作系统，每个系统都针对其独特功能和外形进行了优化。

现在将云本身作为一个大型仓库计算机，那么云操作系统则扮演着抽象和管理云硬件资源的角色。云操作系统的定义特征是它为构建分布式应用程序提供了一个软件接口。

与主机操作系统的系统调用接口类似，云操作系统 API 将为分布式应用程序提供分配和撤销资源，启动、监视和销毁进程等功能。API 将提供实现所有分布式系统所需的通用功能的原语。因此，开发人员不再需要独立地重新实现基本的分布式系统原语（并且不可避免地独立遭受相同的错误和性能问题）。

集中 API 原语中的通用功能将使开发人员更轻松、更安全、更快地构建新的分布式应用程序。这就像将虚拟内存添加到主机操作系统，事实上，虚拟内存的专家也有过这样的判断："在 20 世纪 60 年代早期，操作系统的设计者非常清楚，自动存储分配可以显著简化编程。"

2. 云操作系统示例原语

云操作系统特有的两个原语，即服务发现和协调可以简化构建分布式应用程序。与只有极少数应用程序需要发现在同一主机上运行的其他应用程序的单个主机不同，服务发现是分布式应用程序的常态。同样，大多数分布式应用程序通过一些协调和共识的手段来实现高可用性和容错性，众所周知，这是难以正确和高效地实现的。

使用云操作系统，软件接口取代了人机接口。开发人员不得不在现有的服务发现和协调工具之间进行选择，如 Apache ZooKeeper 和 CoreOS 的 etcd。这迫使组织为不同的应用程序部署多个工具，显著增加了操作的复杂性和可维护性。

使云操作系统提供发现和协调原语不仅简化了开发，而且还支持应用程序的可移植性。组织可以在不重写应用程序的情况下更改底层实现，就像用户可以在当前主机操作系统上的不同文件系统实现之间进行选择一样。

3. 云操作系统下部署应用程序的新方法

通过云操作系统，软件界面取代了开发人员在尝试部署应用程序时通常与之交互的人机界面。开发人员要求用户调配和配置机器以运行其应用程序，开发人员使用云操作系统（如通过 CLI 或 GUI）启动他们的应用程序，并且应用程序使用云操作系统的 API 执行。

这将使管理员和用户之间有清晰的区别。管理员指定可分配给每个用户的资源量，用户使用他们可用的资源启动他们想要的任何应用程序。管理员指定有多少种类型的资源可用，但不知道哪一种是特定的资源，云操作系统及运行在顶层的分布式应用程序可以更智能地使用特定资源，以便更高效地执行、更好地处理故障。因为大多数分布式应用程序都有复杂的调度需求（如 Apache Hadoop）和故障恢复的特定需求（如数据库），这些需求由系统来完成而非人为决策是云环境高效运行至关重要的一点。

第6章
Google 云计算原理与应用

Google（Google）拥有全球最强大的搜索引擎。除了搜索业务，Google 还有 Google Maps、Google Earth、Gmail、YouTube 等其他业务。这些应用的共性在于数据量巨大，且要面向全球用户提供实时服务，因此 Google 必须解决海量数据存储和快速处理问题。Google 研发出了简单而又高效的技术，让多达百万台的廉价计算机协同工作，共同完成这些任务，这些技术在诞生几年后才被命名为 Google 云计算技术。Google 云计算技术包括 Google 文件系统 GFS、分布式数据处理 MapReduce、分布式锁服务 Chubby、分布式结构化数据表 Bigtable、分布式存储系统 Megastore、分布式监控系统 Dapper、海量数据的交互式分析工具 Dremel，以及内存大数据分析系统 PowerDrill 等。本章简要介绍三种核心技术和 Google 应用程序引擎。

6.1　Google 文件系统 GFS

Google 文件系统（Google File System，GFS）是一个大型的分布式文件系统，它为 Google 云计算提供海量存储，并且与 Chubby、MapReduce 及 Bigtable 等技术结合的十分紧密，处于所有核心技术的底层。GFS 不是一个开源的系统，我们仅能从 Google 公布的技术文档来获得相关知识。Google 公布了关于 GFS 的最为详尽的技术文档，它从 GFS 产生的背景、特点、系统框架、性能测试等方面进行了详细的阐述。

当前主流分布式文件系统有 RedHat 的 GFS（Global File System）、IBM 的 GPFS、Sun 的 Lustre 等。这些系统通常用于高性能计算或大型数据中心，对硬件设施条件要求较高。以 Lustre 文件系统为例，它只对元数据管理器 MDS 提供容错解决方案，而对于具体的数据存储节点 OST 来说，则依赖其自身来解决容错的问题。例如，Lustre 推荐 OST 节点采用 RAID 技术或 SAN 存储区域网来容错，但由于 Lustre 自身不能提供数据存储的容错，一旦 OST 发生故障就无法恢复，因此对 OST 的稳定性就提出了相当高的要求，从而大大增加了存储的成本，而且成本会随着规模的扩大呈线性增长。

Google GFS 的新颖之处在于它采用廉价的商用机器构建分布式文件系统，同时将 GFS 的设计与 Google 应用的特点紧密结合，简化实现，使之可行，最终达到创意新颖、有用、可行的完美组合。GFS 将容错的任务交给文件系统完成，利用软件的方法解决系统可靠性问题，使存储的成本成倍地下降。GFS 将服务器故障视为正常现象，并采用多种方法，从多个角度，使用不同的容错措施，确保数据存储的安全、保证提供不间断的数据存储服务。

6.1.1 系统架构

GFS 的系统架构如图 6-1 所示。GFS 将整个系统的节点分为三类角色：Client（客户端）、Master（主服务器）和 Chunk Server（数据块服务器）。Client 是 GFS 提供给应用程序的访问接口，它是一组专用接口，不遵守 POSIX 规范，以库文件的形式提供。应用程序直接调用这些库函数，并与该库链接在一起。Master 是 GFS 的管理节点，在逻辑上只有一个，它保存系统的元数据，负责整个文件系统的管理，是 GFS 中的"大脑"。Chunk Server 负责具体的存储工作。数据以文件的形式存储在 Chunk Server 上，Chunk Server 的个数可以有多个，它的数目直接决定了 GFS 的规模。GFS 将文件按照固定大小进行分块，默认是 64MB，每块称为一个 Chunk（数据块），每个 Chunk 都有一个对应的索引号（Index）。

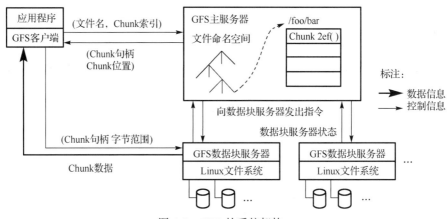

图 6-1　GFS 的系统架构

客户端在访问 GFS 时，首先访问 Master 节点，获取与之进行交互的 Chunk Server 信息，然后直接访问这些 Chunk Server，完成数据存取工作。GFS 的这种设计方法实现了控制流和数据流的分离。Client 与 Master 之间只有控制流，而无数据流，极大地降低了 Master 的负载。Client 与 Chunk Server 之间直接传输数据流，同时由于文件被分成多个 Chunk 进行分布式存储，Client 可以同时访问多个 Chunk Server，从而使得整个系统的 I/O 高度并行，系统整体性能得到提高。

针对多种应用的特点，Google 从多个方面简化设计的 GFS，在一定规模下达到了成本、可靠性和性能的最佳平衡。具体来说，GPS 系统架构具有以下 4 个特点。

1. 采用中心服务器模式

GFS 采用中心服务器模式管理整个文件系统，简化了设计，降低了实现难度。Master 管理分布式文件系统中的所有元数据。文件被划分为 Chunk 进行存储，对于 Master 来说，每个 ChunkServer 只是一个存储空间。Client 发起的所有操作都需要先通过 Master 才能执行。这样做有许多好处，增加新的 Chunk Server 是一件十分容易的事情，Chunk Server 只需要注册到 Master 上即可，Chunk Server 之间无任何关系。如果采用完全对等的、无中心的模式，那么如何将 Chunk Server 的更新信息通知到每个 Chunk Server，这会是设计的一个难点，而这也将在一定程度上影响系统的扩展性。Master 维护了一个统一的命名空间，同时掌握整个系统内 Chunk Server 的情况，据此可以实现整个系统范围内数据存储的负载均衡。由于只有一个中心服务器，元数据的一致性问题自然得以解决。当然，中心服务器模式也带来一些固有的缺点，如极易成为整个系统的瓶颈等。GFS 采用多种机制来避免 Master 成为系统性能和可靠性上的瓶颈，如尽量控制元数据的规模、对 Master 进行远程备份、控制信息和数据分流等。

2．不缓存数据

缓存（Cache）机制是提升文件系统性能的一个重要手段，通用文件系统为了提高性能，一般需要实现复杂的缓存机制。GFS 文件系统根据应用的特点，没有实现缓存，这是从必要性和可行性两方面考虑的。从必要性上讲，客户端大部分是流式顺序读/写，并不存在大量的重复读/写，缓存这部分数据对提高系统整体性能的作用不大；对于 Chunk Server，由于 GFS 的数据在 Chunk Server 上以文件的形式存储，如果对某块数据读取频繁，本地的文件系统自然会将其缓存。从可行性上讲，如何维护缓存与实际数据之间的一致性是一个极其复杂的问题，在 GFS 中，各个 Chunk Server 的稳定性都无法确保，加之网络等多种不确定因素，一致性问题尤为复杂。此外由于读取的数据量巨大，以当前的内存容量无法完全缓存。对于存储在 Master 中的元数据，GFS 采取了缓存策略。因为一方面 Master 需要频繁操作元数据，把元数据直接保存在内存中，提高操作的效率；另一方面采用相应的压缩机制降低元数据占用空间的大小，提高内存的利用率。

3．在用户态下实现

文件系统是操作系统的重要组成部分，通常位于操作系统的底层（内核态）。在内核态实现文件系统，可以更好地和操作系统本身结合，向上提供兼容的 POSIX 接口。然而，GFS 却选择在用户态下实现，主要基于以下考虑。

（1）在用户态下实现，直接利用操作系统提供的 POSIX 编程接口就可以存取数据，无须了解操作系统的内部实现机制和接口，降低了实现的难度，提高了通用性。

（2）POSIX 接口提供的功能更为丰富，在实现过程中可以利用更多的特性，而不像内核编程那样受限。

（3）在用户态下有多种调试工具，而在内核态中调试相对比较困难。

（4）在用户态下，Master 和 Chunk Server 都以进程的方式运行，单个进程不会影响到整个操作系统，从而可以对其进行充分优化。在内核态下，如果不能很好地掌握其特性，那么效率不仅不会高，甚至还会影响到整个系统运行的稳定性。

（5）在用户态下，GFS 和操作系统运行在不同的空间，两者耦合性降低，方便 GFS 自身和内核的单独升级。

4．只提供专用接口

通常的分布式文件系统一般都会提供一组与 POSIX 规范兼容的接口，使应用程序可以通过操作系统的统一接口透明地访问文件系统，而不需要重新编译程序。GFS 在设计之初，完全面向 Google 的应用，采用专用的文件系统访问接口。接口以库文件的形式提供，应用程序与库文件一起编译，Google 应用程序在代码中通过调用这些库文件的 API，完成对 GFS 的访问。采用专用接口有以下好处。

（1）降低实现的难度。通常与 POSIX 兼容的接口需要在操作系统内核一级实现，而 GFS 是在应用层实现的。

（2）采用专用接口可以根据应用的特点对应用提供一些特殊支持，如支持多个文件并发追加的接口等。

（3）专用接口直接与 Client、Master、Chunk Server 进行交互，减少了操作系统之间上下文的切换，降低了复杂度，提高了效率。

6.1.2　容错机制

1．Master 容错

具体来说，Master 上保存了 GFS 文件系统的三种元数据。

（1）命名空间（Name Space），也就是整个文件系统的目录结构。

（2）Chunk 与文件名的映射表。

（3）Chunk 副本的位置信息，每个 Chunk 都默认有三个副本。

首先就单个 Master 来说，对于前两种元数据，GFS 通过操作日志来提供容错功能。第三种元数据信息则直接保存在各个 Chunk Server 上，当 Master 启动或 Chunk Server 向 Master 注册时自动生成。因此当 Master 发生故障时，在磁盘数据保存完好的情况下，可以迅速恢复以上元数据。为了防止 Master 彻底死机，GFS 还提供了 Master 远程的实时备份，这样在当前的 GFS Master 出现故障无法工作时，另外一台 GFS Master 可以迅速接替其工作。

2．Chunk Server 容错

GFS 采用副本的方式实现 Chunk Server 的容错。每个 Chunk 都有多个存储副本（默认为三个），分布存储在不同的 Chunk Server 上。副本的分布策略需要考虑多种因素拓扑、机架的分布、磁盘的利用率等。对于每个 Chunk，必须将所有的副本全部写入成功，才视为成功写入。之后，如果相关的副本出现丢失或不可恢复等情况，那么 Master 会自动将该副本复制到其他 Chunk Server，从而确保副本保持一定的个数。尽管一份数据需要存储三份，好像磁盘空间的利用率不高，但综合比较多种因素，加之磁盘的成本不断下降，采用副本无疑是最简单、最可靠、最有效，而且实现难度最小的一种方法。

GFS 中的每个文件都被划分成多个 Chunk，Chunk 的默认大小是 64MB，这是因为 Google 应用中处理的文件都比较大，以 64MB 为单位进行划分，是一个较为合理的选择。Chunk Server 存储的是 Chunk 的副本，副本以文件的形式进行存储。每个 Chunk 都以 Block 为单位进行划分，大小为 64KB，每个 Block 都对应一个 32bit 的校验和。当读取一个 Chunk 副本时，Chunk Server 会将读取的数据和进行校验比较，如果不匹配，则会返回错误，使 Client 选择其他 Chunk Server 上的副本。

6.1.3　系统管理技术

GFS 是一个分布式文件系统，包含从硬件到软件的整套解决方案。除了上面提到的 GFS 的一些关键技术，还有相应的系统管理技术来支持整个 GFS 的应用，这些技术可能不是 GFS 所独有的。

1．大规模集群安装技术

安装 GFS 的集群中通常有非常多的节点，文献[1]中最大的集群超过 1000 个节点，而现在的 Google 数据中心动辄有万台以上的机器在运行。因此迅速地安装、部署一个 GFS，以及迅速地进行节点的系统升级等，都需要相应的技术支撑。

2．故障检测技术

GFS 是构建在不可靠的廉价计算机上的文件系统，由于节点数目众多，故障发生十分频繁，如何在最短的时间内发现并确定发生故障的 Chunk Server，需要相关的集群监控技术。

3．节点动态加入技术

当有新的 Chunk Server 加入时，如果需要事先安装好系统，那么系统扩展将是一件十分烦琐的事情。如果能够做到只需将裸机加入，就会自动获取系统并安装运行，那么将会大大减少 GFS 维护的工作量。

4．节能技术

有关数据表明，服务器的耗电成本大于当初的购买成本，因此 Google 采用了多种机制来降低服务器的能耗，例如，对服务器主板进行修改，采用蓄电池代替昂贵的 UPS（不间断电源系统），提高能量的利用率。Rich Miller 在一篇关于数据中心的博客中表示，这个设计让 Google 的 UPS 利用率达到 99.9%，而一般数据中心只能达到 92%～95%。

6.2　分布式数据处理 MapReduce

MapReduce 是 Google 提出的一个软件架构，是一种处理海量数据的并行编程模式，用于大规模数据集（通常大于 1TB）的并行运算。Map（映射）、Reduce（化简）的概念和主要思想，都是从函数式编程语言和矢量编程语言借鉴来的。正是由于 MapReduce 有函数式和矢量编程语言的共性，使这种编程模式特别适合于非结构化和结构化的海量数据的搜索、挖掘、分析与机器智能学习等。

6.2.1　产生背景

MapReduce 这种并行编程模式思想最早在 1995 年被提出，文献[6]首次提出了"Map"和"Fold"的概念，与 Google 现在所使用的"Map"和"Reduce"思想相吻合。与传统的分布式程序设计相比，MapReduce 封装了并行处理、容错处理、本地化计算、负载均衡等细节，还提供了一个简单而强大的接口。通过这个接口，可以把大尺度的计算自动地并发和分布执行，使编程变得非常容易。另外，MapReduce 也具有较好的通用性，大量不同的问题都可以简单地通过 MapReduce 来解决。

MapReduce 把对数据集的大规模操作，分发给一个主节点管理下的各分节点共同完成，通过这种方式实现任务的可靠执行与容错机制。在每个时间周期内，主节点都会对分节点的工作状态进行标记。一旦分节点状态标记为死亡状态，这个节点的所有任务都将分配给其他分节点重新执行。

据相关统计，每使用一次 Google 搜索引擎，Google 的后台服务器就要进行 1011 次的运算。这么庞大的运算量，如果没有好的负载均衡机制，那么有些服务器的利用率就会很低，有些则会负荷太重，有些甚至可能死机，这些都会影响系统对用户的服务质量。而使用 MapReduce 这种编程模式，就保持了服务器之间的均衡，提高了整体效率。

6.2.2　编程模型

MapReduce 的运行模型如图 6-2 所示。图中有 M 个 Map 操作和 R 个 Reduce 操作。

简单地说，一个 Map 函数就是对一部分原始数据进行指定的操作。每个 Map 操作都针对不同的原始数据，因此 Map 与 Map 之间是互相独立的，这使得它们可以充分并行化。一个 Reduce 操作就是对每个 Map 所产生的一部分中间结果进行合并操作，每个 Reduce 所处理的 Map 中间结果是互不交叉的，所有 Reduce 产生的最终结果经过简单连

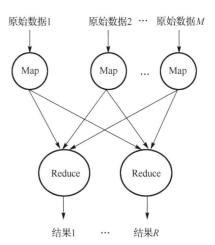

图 6-2　MapReduce 的运行模型

接就形成了完整的结果集，因此 Reduce 也可以在并行环境下执行。

在编程时，开发者需要编写两个主要函数，即 Map 和 Reduce。Map 和 Reduce 的输入参数和输出结果根据应用的不同而有所不同。Map 的输入参数是 in_key 和 in_value，它指明了 Map 需要处理的原始数据是哪些。Map 的输出结果是一组 < key,value > 对，这是经过 Map 操作后所产生的中间结果。在进行 Reduce 操作之前，系统已经将所有 Map 产生的中间结果进行了归类处理，使相同 key 对应的一系列 value 能够集结在一起提供给一个 Reduce 进行归并处理，也就是说，Reduce 的输入参数是（key,[value1,…,valuem]）。Reduce 的工作是需要对这些对应相同 key 的 value 值进行归并处理，最终形成（key,final_value）结果。这样，一个 Reduce 处理了一个 key，所有 Reduce 的结果合并在一起就是最终结果。

例如，假设我们想用 MapReduce 函数来计算一个大型文本文件中各个单词出现的次数，Map 的输入参数指明了需要处理哪部分数据，以"〈在文本中的起始位置,需要处理的数据长度〉"表示，经过 Map 处理，形成一批中间结果"〈单词,出现次数〉"。而 Reduce 函数处理中间结果，将相同单词出现的次数进行累加，得到每个单词总的出现次数。

6.2.3　实现机制

MapReduce 操作的执行流程如图 6-3 所示。

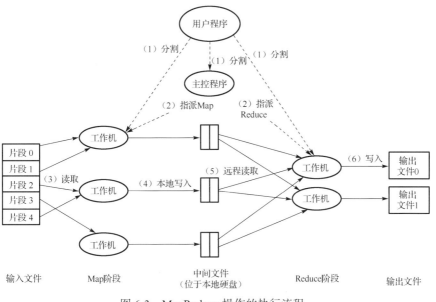

图 6-3　MapReduce 操作的执行流程

用户程序调用 MapReduce 函数后，会引起下面的操作过程（图 6-2 中的数字标示和下面的数字标示相同）。

（1）MapReduce 函数首先把输入文件分成 M 块，每块大概 16M～64MB（可以通过参数决定），接着在集群的机器上执行分派处理程序。

（2）这些分派的执行程序中有一个程序比较特别，它是主控程序 Master。剩下的执行程序都是作为 Master 分派工作的 Worker（工作机）。总共有 M 个 Map 任务和 R 个 Reduce 任务需要分派，Master 选择空闲的 Worker 来分配这些 Map 或 Reduce 任务。

（3）一个被分配了 Map 任务的 Worker 读取并处理相关的输入块。它处理输入的数据，并且将分析出的〈key,value〉对传递给用户定义的 Map 函数。Map 函数产生的中间结果〈key,value〉对暂时缓冲到内存。

（4）这些缓冲到内存的中间结果将被定时写到本地硬盘，这些数据通过分区函数分成 R 个区。中间结果在本地硬盘的位置信息将被发送回 Master，然后 Master 负责把这些位置信息传送给 Reduce Worker。

（5）当 Master 通知执行 Reduce 的 Worker 关于中间〈key,value〉对的位置时，它调用远程过程，从 Map Worker 的本地硬盘上读取缓冲的中间数据。当 Reduce Worker 读到所有的中间数据时，它就使用中间 key 进行排序，这样可使相同的 key 值都在一起。因为有许多不同 key 的 Map 都对应相同的 Reduce 任务，所以，排序是必需的。如果中间结果集过于庞大，那么就需要使用外排序。

（6）Reduce Worker 根据每个唯一中间 key 来遍历所有的排序后的中间数据，并且把 key 和相关的中间结果值集合传递给用户定义的 Reduce 函数。Reduce 函数的结果写到一个最终的输出文件。

（7）当所有的 Map 任务和 Reduce 任务都完成时，Master 激活用户程序。此时 MapReduce 返回用户程序的调用点。

由于 MapReduce 在成百上千台机器上处理海量数据，所以容错机制是不可或缺的。总体来说，MapReduce 通过重新执行失效的地方来实现容错。

6.2.4　案例分析

排序通常用于衡量分布式数据处理框架的数据处理能力，下面介绍如何利用 MapReduce 进行数据排序。假设有一批海量数据，每个数据都是由 26 个字母组成的字符串，原始数据集合是完全无序的，怎样通过 MapReduce 完成排序工作，使其有序（字典序）呢？可通过以下三个步骤来完成。

（1）对原始的数据进行分割（Split），得到 N 个不同的数据分块，如图 6-4 所示。

（2）对每个数据分块都启动一个 Map 进行处理。采用桶排序的方法，每个 Map 中按照首字母将字符串分配到 26 个不同的桶中，图 6-5 是 Map 过程及其得到的中间结果。

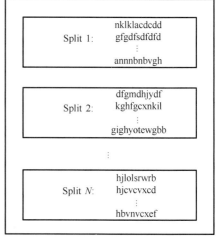

图 6-4　数据分块

图 6-5　Map 过程及其得到的中间结果

（3）对于 Map 之后得到的中间结果，启动 26 个 Reduce。按照首字母将 Map 中不同桶中的字符串集合放置到相应的 Reduce 中进行处理。具体来说，就是首字母为 a 的字符串全部放在 Reduce1 中进行处理，首字母为 b 的字符串全部放在 Reduce2 中，依次类推。每个 Reduce 对其中的字符串进行排序，直接结果输出。由于 Map 过程中已经做到了首字母有序，Reduce 输出的结果就是最终的排序结果，这一过程如图 6-6 所示。

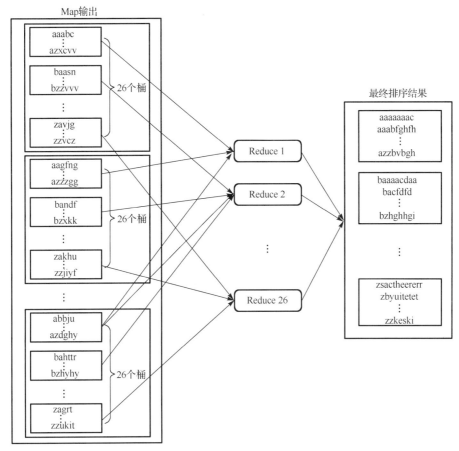

图 6-6　Reduce 过程

从上述过程可以看出，由于能够实现处理过程的完全并行化，因此利用 MapReduce 处理海量数据是非常适合的。

6.3　分布式锁服务 Chubby

Chubby 是 Google 设计的提供粗粒度锁服务的一个文件系统，它基于松耦合分布式系统，解决了分布的一致性问题。通过使用 Chubby 锁服务，用户可以确保数据操作过程中的一致性。不过值得注意的是，这种锁只是一种建议性的锁（Advisory Lock）而不是强制性的锁（Mandatory Lock），这种选择使系统具有更高的灵活性。

GFS 使用 Chubby 选取一个 GFS 主服务器，Bigtable 使用 Chubby 指定一个主服务器并发现、控制与其相关的子表服务器。除了常用的锁服务，Chubby 还可以作为一个稳定的存储系统存储包括元数据在内的小数据。同时 Google 内部还使用 Chubby 进行名字服务（Name Server）。因为 Chubby 内部一致性问题的实现用到了 Paxos 算法，本节首先简要介绍 Paxos 算法，然后围绕 Chubby 系统的设计和实现展开讲解。

6.3.1　Paxos 算法

Paxos 算法是 Leslie Lamport 最先提出的一种基于消息传递（Messages Passing）的一致性算法，用于解决分布式系统中的一致性问题。在目前所有的一致性算法中，该算法最常用且被认为是最有效的算法之一。

简单地说，分布式系统的一致性问题，就是如何保证系统中初始状态相同的各个节点在执行相同的操作序列时，看到的指令序列是完全一致的，并且最终得到完全一致的结果。怎么才能保证在一个操作序列中每个步骤仅有一个值呢？一个最简单的方案就是在分布式系统中设置一个专门节点，在每次需要进行操作前，系统的各个部分都向它发出请求，告诉该节点接下来系统要做什么。该节点接收第一个到达的请求内容并进行接下来的操作，这样就能够保证系统只有一个唯一的操作序列。但是这样做也有一个很明显的缺陷，那就是一旦这个专门节点失效，整个系统就很可能出现不一致。为了避免这种情况，在系统中必然要设置多个专门节点，由这些节点来共同决定操作序列。针对这种多节点决定操作系列的情况，Lamport 提出了 Paxos 算法。在该算法中节点被分成了三种类型：Proposers、Acceptors 和 Learners。其中 Proposers 提出决议（Value，实际上就是告诉系统接下来该执行哪个指令），Acceptors 批准决议，Learners 获取并使用已经通过的决议。一个节点可以兼有多重类型。在这种情况下，满足以下三个条件就可以保证数据的一致性。

（1）决议只有在被 Proposers 提出后才能批准。

（2）每次只批准一个决议。

（3）只有决议确定被批准后，Learners 才能获取这个决议。

为了满足上述三个条件（主要是第二个条件），必须对系统有一些约束条件。Lamport 通过约束条件的不断加强，最后得到了一个可以实际运用到算法中的完整约束条件。那么，如何得到这个完整的约束条件呢？在决议的过程中，Proposers 将决议发送给 Accpetors，Acceptors 对决议进行批准，批准后的决议才能成为正式的决议。决议的批准采用少数服从多数原则，即大多数 Acceptors 接收的决议将成为最终的正式决议。从集合论的观点来看，两组"多数派"（Majority）至少有一个公共的 Acceptor。如果每个 Acceptor 只能接收一个决议，则第二个条件就能够得到保证，因此不难得到第一个约束条件。

p1：每个 Acceptor 只接收它得到的第一个决议。

p1 表明一个 Acceptor 可以收到多个决议，为了区分，对每个决议进行编号，后到的决议编号大于先到的决议编号。约束条件 p1 不是很完备，假设系统中一半的 Acceptors 接收了决议 1，剩下的一半接收了决议 2，此时仅靠约束 p1 是根本无法得到一个"多数派"的，从而无法得到一个正式的决议，因此需要进一步加强约束得到第二个约束条件。

p2：一旦某个决议被通过，之后通过的决议必须和该决议保持一致。

p1 和 p2 能够保证第二个条件。对 p2 稍做加强得到以下条件。

p2a：一旦某个决议 v 得到通过，之后任何 Acceptor 再批准的决议必须是 v。

表面上看起来已经不存在什么问题了，但实际上 p2a 和 p1 是有矛盾的。考虑下面这种情况：假设在系统得到决议 v 的过程中一个 Proposer 和一个 Acceptor 因为出现问题并没有参与到决议的表决中。在得到决议 v 之后、出现问题 Proposer 和 Accepor 恢复过来，此时这个 Proposer 提出一个决议 w（w 不等于 v）给这个 Acceptor。如果按照 p1，那这个 Acceptor 应该接受这个决议 w，但是按照 p2a，则不应该接收这个决议，所以还需进一步加强约束条件。

p2b：一旦某个决议 v 得到通过，之后任何 Proposer 再提出的决议必须是 v。

满足 p1 和 p2b 就能够保证第二个条件，而且彼此之间不存在矛盾。但是 p2b 很难通过一种技术手段来实现它，因此提出了一个蕴含 p2b 的约束 p2c。

p2c：如果一个编号为 n 的提案具有值 v，那么存在一个"多数派"，要么它们中没有谁批准过编号小于 n 的任何提案，要么它们进行的最近一次批准具有值 v。

为了保证决议的唯一性，Acceptors 也要满足一个约束条件：当且仅当 Acceptors 没有收到编号大于 n 的请求时，Acceptors 才批准编号为 n 的提案。

在这些约束条件的基础上，可以将一个决议的通过分成以下两个阶段。

（1）准备阶段。Proposers 选择一个提案并将它的编号设为 n，然后将它发送给 Acceptors 中的一个"多数派"。Acceptors 收到后，如果提案的编号大于它已经回复的所有消息，则 Acceptors 将自己上次的批准回复给 Proposers，并不再批准小于 n 的提案。

（2）批准阶段。当 proposers 接收到 Acceptors 中的这个"多数派"的回复后，就向回复请求的 Acceptors 发送 accept 请求，在符合 Acceptors 一方的约束条件下，Acceptors 收到 Accept 请求后即批准这个请求。

为了减少决议发布过程中的消息量，Acceptors 将这个通过的决议发送给 Learners 的一个子集，然后由这个子集中的 Learners 去通知所有其他的 Learners。一般情况下，以上的算法过程就可以成功地解决一致性问题，但是也有特殊情况。根据算法一个编号更大的提案会终止之前的提案过程，如果两个 Proposer 在这种情况下都转而提出一个编号更大的提案，那么就可能陷入活锁。此时需要选举出一个 President，仅允许 President 提出提案。

以上简要地介绍了 Paxos 算法的核心内容，关于更多的实现细节，读者可以参考 Lamport 的 Paxos 算法实现的文章。

6.3.2 Chubby 系统设计

通常情况下 Google 的一个数据中心仅运行一个 Chubby 单元（Chubby cell，下面会有详细讲解述），这个单元需要支持包括 GFS、Bigtable 在内的众多 Google 服务，因此，在设计 Chubby 时，必须充分考虑系统需要实现的目标及可能出现的各种问题。

Chubby 的设计目标主要有以下 6 点。

（1）高可用性和高可靠性。这是系统设计的首要目标，在保证这一目标的基础上再考虑系统的吞吐量和存储能力。

（2）高扩展性。将数据存储在价格较为低廉的 RAM，支持大规模用户访问文件。

（3）支持粗粒度的建议性锁服务。提供这种服务的根本目的是提高系统的性能。

（4）服务信息的直接存储。客户可以直接存储包括元数据、系统参数在内的有关服务信息，而不需要再维护另一个服务。

（5）支持通报机制。客户可以及时了解事件的发生。

（6）支持缓存机制。通过一致性缓存将常用信息保存在客户端，避免频繁访问主服务器。

Google 没有直接实现一个包含了 Paxos 算法的函数库，而是在 Paxos 算法的基础上设计了一个全新的锁服务 Chubby。Chubby 中涉及的一致性问题都由 Paxos 解决，除此之外，Chubby 中还添加了一些新的功能特性。这种设计主要是考虑到以下三个问题。

（1）通常情况下，开发者在开发的初期很少考虑系统的一致性问题，但是随着开发的不断进行，这种问题会变得越来越严重。单独的锁服务可以保证原有系统的架构不会发生改变，而使用函数库很可能需要对系统的架构做出大幅度的改动。

（2）系统中很多事件的发生是需要告知其他用户和服务器的，使用一个基于文件系统的锁服务可以将这些变动写入文件中。这样其他需要了解这些变动的用户和服务器直接访问这些文件即可，避免了因大量系统组件之间的事件通信带来的系统性能下降。

（3）基于锁的开发接口容易被开发者接受。虽然在分布式系统中锁的使用会有很大的不同，但是与一致性算法相比，锁显然被更多的开发者所熟知。

Paxos 算法的实现过程中需要一个"多数派"就某个值达成一致，进而才能得到一个分布式一致性状态。这个过程本质上是分布式系统中常见的 Quorum 机制（Quorum 原意是法定人数，简单来说，就是根据少数服从多数的选举原则产生一个决议）。为了保证系统的高可用性，需要若干台机器，但是使用单独的锁服务，一台机器也能保证这种高可用性。也就是说，Chubby 在自身服务实现时利用若干台机器实现了高可用性，而外部用户利用 Chubby 则只需一台机器就可以保证高可用性。

正是考虑到以上几个问题，Google 设计了 Chubby，而不是单独地维护一个函数库（实际上，Google 有这样一个独立于 Chubby 的函数库，不过一般情况下并不会使用）。在设计的过程中，有一些细节问题也值得我们关注，如在 Chubby 系统中采用了建议性的锁而没有采用强制性的锁。两者的根本区别在于用户访问某个被锁定的文件时，建议性的锁不会阻止访问，而强制性的锁则会阻止访问，实际上这是为了方便系统组件之间的信息交互。另外，Chubby 还采用了粗粒度锁服务而没有采用细粒度锁服务，两者的差异在于持有锁的时间。细粒度的锁持有时间很短，常常只有几秒甚至更短，而粗粒度的锁持有的时间可长达几天，选择粗粒度的锁可以减少频繁换锁带来的系统开销。

图 6-7 所示的是 Chubby 的基本架构。很明显，Chubby 被划分成两个部分：客户端和服务器端，客户端和服务器端之间通过远程过程调用（RPC）来连接。在客户端，每个客户端应用程序都有一个 Chubby 程序库（Chubby Library），客户端的所有应用都是通过调用这个库中的相关函数来完成的。服务器一端称为 Chubby 单元，一般是由 5 个称为副本（Replica）的服务器组成的，这 5 个副本在配置上完全一致，并且在系统刚开始时处于对等地位。

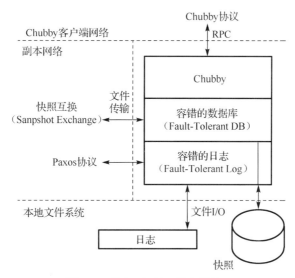

图 6-7　Chubby 的基本架构

6.3.3　Chubby 中的 Paxos 算法

一致性问题是 Chubby 需要解决的一个关键性问题，那么 Paxos 算法在 Chubby 中究竟是怎样起作用的呢？

为了了解 Paxos 算法的作用，需要将单个副本的结构剖析来看，单个 Chubby 副本结构如图 6-8 所示。

图 6-8　单个 Chubby 副本结构

从图 6-7 中可以看出，单个副本主要由以下三个层次组成。

（1）最底层是一个容错的日志，该日志对于数据库的正确性提供了重要的支持。不同副本上日志的一致性正是通过 Paxos 算法来保证的。副本之间通过特定的 Paxos 协议进行通信，同时本地文件中还保存有一份与 Chubby 中相同的日志数据。

（2）最底层之上是一个容错的数据库，这个数据库主要包括一个快照（Snapshot）和一个记录数据库操作的重播日志(Replay-log)，每次的数据库操作最终都将提交至日志中。与容错的日志类似的是，本地文件中也保存着一份数据库数据副本。

（3)Chubby 构建在这个容错的数据库之上，Chubby 利用这个数据库存储所有的数据。

Chubby 的客户端通过特定的 Chubby 协议和单个的 Chubby 副本进行通信。

由于副本之间的一致性问题，客户端每次向容错的日志中提交新的值时，Chubby 就会自动调用 Paxos 构架保证不同副本之间数据的一致性。图 6-9 显示了这个过程。

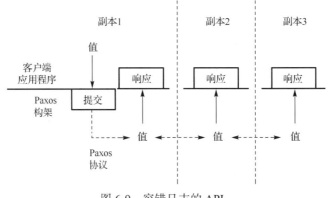

图 6-9　容错日志的 API

结合图 6-9 来看，在 Chubby 中 Paxos 算法的实际作用为如下三个过程。

（1）选择一个副本成为协调者（Coordinator）。

（2）协调者从客户提交的值中选择一个，然后通过一种被称为 Accept 的消息广播给所有的副本，其他的副本收到广播之后，可以选择接受或者拒绝这个值，并将决定结果反馈给协调者。

（3）一旦协调者收到大多数副本的接收信息后，就认为达到了一致性，接着协调者向相关的副本发送一个 Commit 消息。

上述三个过程实际上与 Paxos 的核心思想是完全一致的，这些过程保证提交到不同副本上容错日志中的数据是完全一致的，进而保证 Chubby 中数据的一致性。

由于单个的协调者可能失效，系统允许同时有多个协调者，但多个协调者可能会导致多个协调者提交了不同的值。对此 Chubby 的设计者借鉴了 Paxos 中的两种解决机制：给协调者指派序号或限制协调者可以选择的值。

针对前者，Chubby 的设计者给出了如下一种指派序号的方法。

（1）在一个有 n 个副本的系统中，为每个副本分配一个 ir，其中 $0 \leqslant \text{ir} \leqslant n-1$。则副本的序号 $s = k \times n + \text{ir}$，其中 k 的初始值为 0。

（2）当某个副本想成为协调者之后，它就根据规则生成一个比它以前序号更大的序号（实际上就是增大 k 值），并将这个序号通过 Propose 消息广播给其他所有的副本。

（3）如果接收到广播的副本发现该序号比它以前见过的序号都大，则向发出广播的副本返回一个 Promise 消息，并且承诺不再接收旧的协调者发送的消息。如果大多数副本都返回了 Promise 消息，则新的协调者就产生了。

对于后一种解决方法，Paxos 强制新的协调者必须选择和前任相同的值。

为了提高系统的效率，Chubby 做了一个重要的优化，那就是在选择某个副本作为协调者之后就长期不变，此时协调者就被称为主服务器（Master）。产生一个主服务器避免了同时有多个协调者而带来的一些问题。

在 Chubby 中，客户端的数据请求都是由主服务器完成的，Chubby 保证在一定的时间内有且仅有一个主服务器，这个时间就称为主服务器租约期（Master Lease）。如果某个服务器被连续推举为主服务器，那么这个租约期就会不断地被更新。租续期内所有的客户请求都由主服务器处理。如果客户端需要确定主服务器的位置，那么可以向 DNS 发送一个主服务器定位请求，非主服务器的副本将对该请求做出回应，通过这种方式，客户端能够快速、准确地对主服务器做出定位。

需要注意的是，Chubby 对于 Paxos 论文中未提及的一些技术细节进行了补充，所以 Chubby 的实现是基于 Paxos 的，但其技术手段更加丰富，更具有实践性。但这也导致了最终实现的 Chubby 不是一个完全经过理论上验证的系统。

6.3.4 Chubby 文件系统

Chubby 系统本质上就是一个分布式的、存储大量小文件的文件系统，它所有的操作都是在文件的基础上完成的。例如，在 Chubby 最常用的锁服务中，每个文件都代表了一个锁，用户通过打开、关闭和读取文件，获取共享（Shared）锁或独占（Exclusive）锁。选举主服务器的过程中，符合条件的服务器同时申请打开某个文件并请求锁住该文件。成功获得锁的服务器自动成为主服务器并将其地址写入这个文件夹，以便其他服务器和用户可以获知主服务器的地址信息。

Chubby 的文件系统与 UNIX 类似。例如，在文件名 "/ls/foo/wombat/pouch" 中，ls 代表 lock service，这是所有 Chubby 文件系统的共有前缀；foo 是某个单元的名称；/wombat/pouch 则是 foo 这个单元上的文件目录或者文件名。由于 Chubby 自身的特殊服务要求，Google 对 Chubby 做了一些与 UNIX 不同的改变。例如，Chubby 不支持内部文件的移动；不记录文件的最后访问时间；另外，在 Chubby 中并没有符号连接（Symbolic Link，又称为软连接，类似于 Windows 系统中的快捷方式）和硬连接（Hard Link，类似于别名）的概念。在具体实现时，文件系统由许多节点组成，分为永久型和临时型，每个节点就是一个文件或目录。

（1）实例号（Instance Number）：新节点实例号必定大于旧节点的实例号。

（2）内容生成号（Content Generation Number）：当文件内容修改时，该号增大。

（3）锁生成号（Lock Generation Number）：当锁被用户持有时，该号增大。

（4）ACL 生成号（ACL Generation Number）：当 ACL 名被覆写时，该号增大。

用户在打开某个节点的同时会获取一个类似于 UNIX 中文件描述符（File Descriptor）的句柄（Handles），这个句柄由以下三个部分组成。

（1）校验数位（Check Digit）：防止其他用户创建或猜测这个句柄。

（2）序号（Sequence Number）：用来确定句柄是由当前还是以前主服务器创建的。

（3）模式信息（Mode Information）：用于新的主服务器重新创建一个旧的句柄。

在实际执行过程中，为了避免所有通信都使用序号带来的系统开销增长，Chubby 引入了 Sequencer 的概念。Sequencer 实际上就是一个序号，只能由锁的持有者在获取锁时向系统发出请求来获得。这样一来 Chubby 系统中只有涉及锁的操作才需要序号，其他一概不用。在文件操作中，用户可以将句柄看成一个指向文件系统的指针。这个指针支持一系列的操作，常用的句柄函数及其作用如表 6-1 所示。

表 6-1　常用的句柄函数及其作用

函数名称	作用
Open()	打开某个文件或者目录来创建句柄
Close()	关闭打开的句柄，后续的任务操作都将中止
Poison()	中止当前未完成及后续的操作，但不关闭句柄
GetContentsAndStat()	返回文件内容及元数据
GetStat()	只返回文件元数据
RendDir()	返回子目录名称及其元数据
SetContents()	向文件中写入内容
SetACL()	设备 ACL 名称
Delete()	如果该节点没有子节点，则执行删除操作
Acquire()	获取锁
Release()	释放锁
GetSequencer()	返回一个 Sequencer
SetSequencer()	将 Sequencer 和某个句柄进行关联
CheckSquencer()	检查某个 Sequencer 是否有效

6.3.5　通信协议

客户端和主服务器之间的通信是通过 KeepAlive 握手协议来维持的，这一通信过程的简单示意图如图 6-10 所示。

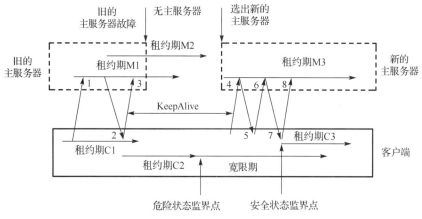

图 6-10　Chubby 客户端与服务器端的通信过程

图 6-10 中，从左到右的水平方向表示时间在增加，斜向上的箭头表示一次 KeepAlive 请求，斜向下的箭头则是主服务器的一次回应。M1、M2、M3 表示不同的主服务器租约期。C1、C2、C3 则是客户端对主服务器租约期时长做出的一个估计。KeepAlive 是周期

发送的一种信息，它主要有两方面的功能：延迟租约的有效期和携带事件信息告诉用户更新。主要的事件包括文件内容被修改，子节点的增加、删除和修改，主服务器出错，句柄失效等。正常情况下，通过 KeepAlive 握手协议租约期会得到延长，事件也会及时地通知给用户。但是由于系统有一定的失效概率，引入故障处理措施是很有必要的。通常情况下，系统可能会出现两种故障：客户端租约期过期和主服务器故障，对于这两种情况系统有着不同的应对方式。

1．客户端租约过期

刚开始时，客户端向主服务器发出一个 KeepAlive 请求，若有需要通知的事件，则主服务器会立刻做出回应；否则主服务器并不立刻对这个请求做出回应，而是等到客户端的租约期 C1 快结束的时候才做出回应，并更新主服务器租约期为 M2。客户端在接到这个回应后认为该主服务器仍处于活跃状态，于是将租约期更新为 C2 并立刻发出新的KeepAlive 请求。同样地，主服务器可能不是立刻回应而是等待 C2 接近结束，但是在这个过程中，主服务器出现故障停止使用。在等待一段时间后 C2 到期，由于并没有接收到主服务器的回应，系统向客户端发出一个危险（Jeopardy）事件，客户端清空并暂时停用自己的缓存，从而进入一个称为宽限期（Grace Period）的危险状态，这个宽限期默认是45s。在宽限期内，客户端不会立刻断开其与服务器端的联系，而是不断地做探询。图 6-10中新的主服务器很快被重新选出，当它接到客户端的第一个 KeepAlive 请求（见图 6-10中的 4）时会拒绝，因为这个请求的纪元号（Epoch Number）错误。不同主服务器的纪元号不相同，客户端的每次请求都需要这个号来保证处理的请求是针对当前的主服务器。当客户端在主服务器拒绝之后，会使用新的纪元号来发送 KeepAlive 请求。新的主服务器接收这个请求并立刻做出回应。如果客户端接收到这个回应的时间仍处于宽限期内，那么系统会恢复到安全状态，租约期更新为 C3；如果在宽限期内未接到主服务器的相关回应，那么客户端终止当前的会话。

2．主服务器出错

在客户端和主服务器端进行通信时，可能会遇到主服务器故障，图 6-9 就出现了这种情况。正常情况下，旧的主服务器出现故障后，系统会很快地选举出新的主服务器，选举的新主服务器在完全运行前需要经历以下 9 个步骤。

（1）产生一个新的纪元号以便今后客户端通信时使用，这能保证当前的主服务器不必处理针对旧的主服务器的请求。

（2）只处理主服务器位置相关的信息，不处理会话相关的信息。

（3）构建处理会话和锁所需的内部数据结构。

（4）允许客户端发送 KeepAlive 请求，不处理其他会话相关的信息。

（5）向每个会话发送一个故障事件，促使所有的客户端都清空缓存。

（6）等待直到所有的会话都收到故障事件或会话终止。

（7）开始允许执行所有操作。

（8）如果客户端使用了旧的句柄，则需要为其重新构建新的句柄。

（9）在一定时间段后（1min），删除没有被打开过的临时文件夹。

如果这一过程在宽限期内顺利完成，那么用户不会感觉到任何故障的发生，也就是说新旧主服务器的替换对于用户来说是透明的，用户感觉到的仅仅是一个延迟。这就是使用宽限期的好处。

在实现系统时，Chubby 还使用了一致性客户端缓存（Consistent Client-Side Caching）技术，这样做的目的是减少通信压力，降低通信频率。在客户端保存一个和单元上数据一致的本地缓存，需要时客户可以直接从缓存中取出数据而不用再与主服务器通信。当某个文件数据或者元数据需要修改时，主服务器首先将这个修改阻塞；然后通过查询主服务器自身维护的一个缓存表，向对修改的数据进行了缓存的所有客户端发送一个无效标志（Invalidation）；客户端收到这个无效标志后会返回一个确认（Acknowledge），主服务器在收到所有确认后才解除阻塞，并完成这次修改。这个过程的执行效率非常高，仅需要发送一次无效标志即可，因为对于没有返回确认的节点，主服务器直接认为其是未缓存的。

6.3.6 正确性与性能

1. 一致性

前面提到过每个 Chubby 单元均是由 5 个副本组成的，这 5 个副本中需要选举产生一个主服务器，这种选举本质上就是一个一致性问题。在实际的执行过程中，Chubby 使用 Paxos 算法来解决这个问题。

主服务器产生后客户端的所有读/写操作都是由主服务器来完成的。读操作很简单，客户端直接从主服务器上读取所需数据即可，但是写操作就会涉及数据一致性的问题。为了保证客户端的写操作能够同步到所有的服务器上，系统再次利用了 Paxos 算法。因此，可以看出 Paxos 算法在分布式一致性问题中的作用是巨大的。

2. 安全性

Chubby 采用的是 ACL 形式的安全保障措施。系统中有三种 ACL 名，分别是写 ACL 名（Write ACL Name）、读 ACL 名（Read ACL Name）和变更 ACL 名（Change ACL Name）。只要不被覆写，子节点都是直接继承父节点的 ACL 名。ACL 同样被保存在文件中，它是节点元数据的一部分，用户在进行相关操作时首先需要通过 ACL 来获取相应的授权。图 6-11 是一个用户成功写文件经历的过程。

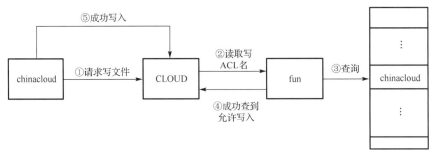

图 6-11 一个用户成功写文件经历的过程

用户 chinacloud 提出向文件 CLOUD 中写入内容的请求。CLOUD 首先读取自身的写 ACL 名（fun），接着在 fun 中查到了 chinacloud 这一行记录，于是返回信息允许 chinacloud 对文件进行写操作，此时 chinacloud 才被允许向 CLOUD 写入内容。其他的操作与写操作类似。

3. 性能优化

为了满足系统的高度可扩展性，Chubby 目前已经采取了一些措施、如提高主服务器默认的租约期、使用协议转换服务将 Chubby 协议转换成较简单的协议、客户端一致性缓存等。除此之外，Google 的工程师们还考虑使用代理（Proxy）和分区（Partition）技术，虽然目前这两种技术并没有实际使用，但是在设计时还是被包含进系统，不排除将来使用的可能。代理可以减少主服务器处理 KeepAlive 及读请求带来的服务器负载，但是它并不能减少写操作带来的通信量。Google 的数据统计表明，在所有请求中，写请求仅占极少的一部分，几乎可以忽略不计。使用分区技术可以将一个单元的命名空间（Name Space）划分成 N 份。除了少量的跨分区通信，大部分的分区都可以独自处理服务请求。通过分区可以减少各个分区上的读/写通信量，但不能减少 KeepAlive 请求的通信量。因此，若需要，则将代理和分区技术结合起来使用，才可以明显提高系统同时处理的服务请求量。

第7章
云计算的行业应用

我国云计算发展经历了观念介绍到如今的技术、产业发展与落地应用起步阶段，目前云计算的应用正在各行业各领域广泛展开。本章特选择部分典型行业云进行介绍，供读者在云计算应用时参考。

7.1 制造云

以中国工程院院士李伯虎领衔的研究团队于 2009 年提出了"云制造"的理念，并以制造中的"仿真"与"设计"为突破口，取得了阶段性的研究成果，继而于 2010 年 1 月在《计算机集成制造系统》杂志上发表了一篇题为《云制造——面向服务的网络化制造新模式》的学术文章。目前，该研究团队正在我国科技部等的领导和支持下，进一步联合产、学、研、用等 30 余个单位开展集团级和中小企业的云制造的技术研究与应用工作。

该研究团队认为：云制造模式和技术的研究与应用将会促进我国制造业向"产品"加"服务"为主导的经济增长方式转变，加速推进我国"制造业信息化"向"敏捷化、绿色化、智能化、服务化"方向发展，进而加快我国制造业实现"敏捷制造、绿色制造、服务型制造、智能制造"。本节内容参考了该研究团队的研究成果。

7.1.1 制造云概念

制造云是云计算向制造业信息化领域延伸与发展后的落地与实现，融合与发展了现有信息化制造（信息化设计、生产、实验、仿真、管理、集成）技术及云计算、物联网、面向服务、智能科学、高效能（性能）计算等新兴信息技术，将各类制造资源和制造能力虚拟化、服务化，构成制造资源和制造能力的服务云池，并进行协调的优化管理和经营，使用户通过网络和终端就能随时按需获取制造资源与能力服务，进而智慧地完成其制造全生命周期的各类活动。

7.1.2 制造云模式

在制造云模式下，用户无须直接和各个资源/能力节点打交道，也无须了解各资源/能力节点的具体位置和情况，用户在终端上提出需求，制造云将自动从虚拟制造云池中为用

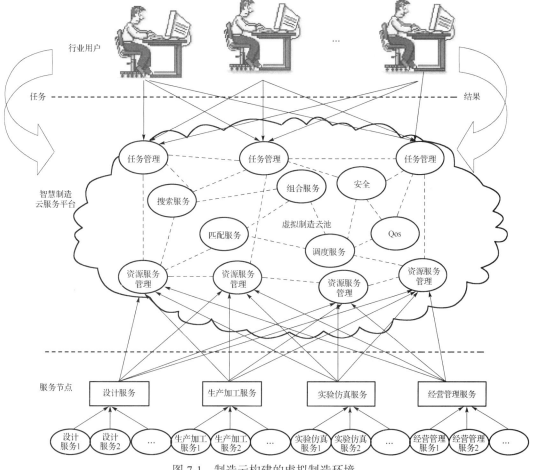

户构造"虚拟制造环境"，使用户能像使用水、电、煤、气一样使用所需的制造资源和制造能力（见图 7-1）。

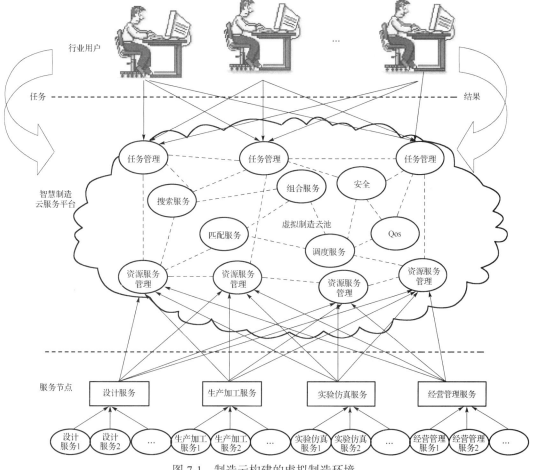

图 7-1　制造云构建的虚拟制造环境

7.1.3　制造云服务类型及特点

制造云服务类型包括"制造资源即服务"和"制造能力即服务"两大类。

1. 制造资源即服务

（1）论证即服务（AaaS）。对于产品规划、营销战略等企业论证业务，可以利用制造云中用于辅助决策分析的模型库、知识库、数据库作为支持，并将决策分析软件等软制造资源封装为云服务，对各种规划方案的可行性与预期效果进行论证分析。

（2）设计即服务（DaaS）。对于产品的设计过程，当用户需要计算机辅助设计工具时，制造云可将各种 CAD 软件功能封装为云服务提供给用户。同时，制造云将提供产品设计所需的多学科、跨领域知识，并在产品设计的各个环节提供智能化的帮助。产品设计中诸如三维可视化、复杂分析计算等任务往往需要高性能计算能力的支持，制造云可以动态组建高性能计算设备和软件平台，并作为虚拟机服务辅助计算。

（3）生产加工即服务（FaaS）。产品的生产加工过程需要各种硬制造资源和软制造资源的配合，制造云能够根据生产加工任务需求快速构建一个虚拟生产单元，其中包括所需的物料以及机床、加工中心等制造设备，也包括了制造执行系统软件、知识库和过程数据库等软制造资源。制造云可以提供生产物流跟踪、任务作业调度、设备状态采集和控制等云服务，辅助用户对生产加工过程进行监控与管理。

（4）实验即服务（EaaS）。对于产品的试制和实验过程，制造云能够根据实验所需的软硬资源建立一个虚拟实验室，其中封装了各种用于实验分析的软件功能作为云服务，同时也提供了对于各种试制设备、检测设备、实验平台等硬制造资源的状态采集服务，能够动态感知实验中的各项参数变化，并结合实验分析软件的云服务对产品实验情况进行评估。

（5）仿真即服务（SaaS）。产品的仿真环节需要大量软硬仿真资源的支持，制造云根据仿真任务的需求，能够动态构建虚拟化的协同仿真环境，将所需的各种专业仿真软件、仿真模型、数据库和知识库等封装为云仿真服务，并自动部署到虚拟计算节点中。虚拟计算节点则根据仿真解算对计算资源的需求，定制相应的运算器、存储、操作系统、计算平台等硬资源并封装为虚拟机，为云仿真服务提供支持。对于仿真专用的硬设备，能够通过智能感知服务、状态采集服务等对其进行监控。

（6）经营管理即服务（MaaS）。在企业的制造全生命周期过程中，对于各项经营管理活动如销售管理、客户关系管理、供应链管理、产品数据管理、生产计划管理等业务，制造云能够提供云端 CRM、云端 SCM、云端 PDM、云端 ERP 等服务，用户可以根据不同的管理需求定制个性化的业务流程，业务流程的各个节点与流程控制均可以通过在线租用所需的服务来实现。

（7）集成即服务（InaaS）。制造云能够对异构系统之间、平台与系统之间的数据、功能、过程提供集成服务。例如，可通过采用接口适配、数据转换、总线等技术，实现异构系统（如 ERP、PDM、SCM 等）以"即插即用"的方式智能接入到制造云中。

2. 制造能力即服务

制造云中的"制造能力即服务"提供论证、设计、生产、仿真、实验、管理、集成等制造活动有关的人/知识、组织、管理及资源等服务。

相比于传统的制造业信息化技术与手段，制造云"服务"具有以下显著特点。

（1）动态、敏捷的高可扩展性。用户可以随时随地根据应用的需求动态敏捷地增减制造资源。由于"制造应用"运行在虚拟制造平台上，没有事先预订的固定资源被锁定，所以云业务量的规模可以动态、敏捷伸缩，以满足用户的各种需要。

（2）虚拟化的超大规模（无限）。制造应用和业务运行在虚拟平台之上。制造云支持用户在任何有互联网的地方，使用任何上网终端获取应用服务。用户所请求的资源来自规模巨大的制造云池。

（3）高可靠性。制造云采用各种容错技术，任何单点物理故障发生，制造应用都会在用户完全不知情的情况下，转移到其他物理资源上继续运行，因此，使用制造云比使用其他制造手段的可用性更高。

（4）基于知识的制造。在智慧制造云全生命周期过程中，都离不开知识的应用，包括① 制造资源和能力虚拟化封装和接入；② 云服务描述与制造云构建；③ 云服务搜索、匹配、聚合、组合；④ 高效智能云服务调度与优化配置；⑤ 容错管理、任务迁移；⑥ 业务流程管理等。

（5）绿色低碳制造。制造云的目标之一是实现制造资源、能力、知识的全面共享和协同，提高制造资源利用率，实现资源增效，实际上就是在一定程度上实现绿色和低碳制造。

7.1.4　制造云与云制造

云制造是制造领域中的"云计算"，是一种基于网络（如互联网、物联网、电信网、广电网、无线宽带网等）的、面向服务的智慧化制造新模式，是制造信息化的新发展。

制造云是指融合与发展现有信息化制造（信息化设计、生产、实验、仿真、管理、集成）技术及云计算、物联网、服务计算、智能科学、高效能计算等新兴信息技术，按照"云制造"理念构建的云制造服务系统，因此制造云可以理解为"云制造"的落地与实现。

7.1.5　制造云的典型特征

制造云的典型技术特征为制造资源和能力的"数字化、物联化、虚拟化、服务化、协同化、智能化"，其综合体现为"智慧化制造技术特征"。其中，数字化与已有的信息化制造技术相同。制造云的典型技术特征主要表现在以下6个方面。

1. 制造资源和能力数字化

制造资源和能力数字化包括企业（或集团）产品设计、生产加工、试验、仿真、经营管理、集成等全生命周期过程活动中制造资源和能力的数字化，是制造信息化的基础技术。

2. 制造资源和能力物联化

先进制造模式实现的核心是制造全生命周期活动中人/组织、管理和技术的集成与优化。为此，制造云融合了物联网、信息物理融合系统（CPS）等最新信息技术，提出了要实现软硬制造资源和能力的全系统、全生命周期、全方位的透彻接入和感知，尤其是要关注硬制造资源，如机床、加工中心、仿真设备、试验设备、物流货物等制造硬设备，以及能力如人/知识、组织、业绩、信誉、资源等的接入和感知。

在制造云模式下，各种软硬制造资源能够通过各种适配器、传感器、条形码、RFID、摄像头、人机界面等，实现状态自动或半自动感知，并且借助于 3G/4G 网络、卫星网、有线网、互联网等各种网络来传输信息，在对各种软硬制造资源的状态信息进行采集和分析的基础上，进一步联入制造云的业务执行过程。

3. 制造资源和能力虚拟化

制造资源和能力虚拟化是指对制造资源和能力提供逻辑和抽象的表示，它不受各种具体物理限制的约束。虚拟化还为资源和能力提供标准的接口来接收输入和提供输出。虚拟化的对象可分为制造系统中涉及的制造硬设备、网络、软件、应用系统及能力等。

在制造云中，用户面对的是虚拟化的制造环境，它降低了使用者与资源和能力具体实现之间的耦合程度。通过虚拟化技术，一个物理的制造资源和能力可以构成多个相互隔离的封装好的虚拟化制造资源和能力，并在需要时实现虚拟化制造资源和能力的实时迁移与动态调度。虚拟化技术可使制造资源和能力的表示、访问简化并进行统一优化管理，它是实现制造资源和能力服务化与协同化的关键技术基础。

4．制造资源和能力服务化

制造云中汇集了大规模的制造资源和能力，基于这些资源和能力的虚拟化，通过服务化技术进行封装和组合，形成制造过程所需要的各类服务，如设计服务、仿真服务、生产加工服务、管理服务、集成服务等。其目的是为用户提供优质廉价的、按需使用的服务。

按需服务主要体现在两个方面。一是，通过对云资源/能力的按需聚合服务，实现分散资源/能力的集中使用；二是，通过对云资源/能力的按需拆分服务，实现集中资源/能力的分散使用。以制造资源和能力的服务及其组合为基础构建的制造模式，具有标准化、松耦合、透明应用集成等特征，这些特征能够提高制造系统的开放性、互操作性、敏捷性和集成能力。

5．制造资源和能力协同化

"协同"是先进制造模式的典型特征，特别是对复杂产品的制造而言尤为重要。制造云使制造资源和能力通过标准化、规范化、虚拟化、服务化及分布高效能计算等信息技术，形成彼此间可灵活、互联、互操作的"制造资源/能力即服务"模块。通过协同化技术，这些云服务模块能够实现全系统、全生命周期、全方位的互联、互通、协同，以满足用户需求。

除了在技术层面的协同化，制造云也为敏捷化虚拟企业组织的动态协同管理提供全面支撑，实现多主体（多租户）按需动态构建虚拟企业组织，以及虚拟企业业务协同运作中的有机融合与无缝集成。

6．制造资源和能力智能化

制造云的另一典型特征是实现全系统、全生命周期、全方位的深入智能化。知识及智能科学技术是支撑制造云运行的核心，制造云在汇集各种制造资源和能力的同时，也汇集了各种知识并构建了跨领域多学科知识库，并且随着制造云的持续演化，云中积累的知识规模也在不断扩大。知识及智能科学技术渗入制造全生命周期的各环节、各层面并提供智能化支持。

在制造云模式下，知识及智能科学技术为两个维度的"全生命周期"提供支持：一是，制造全生命周期活动，二是，制造资源/能力服务全生命周期。一方面，知识及智能科学技术渗入制造全生命周期活动中的论证、设计、生产加工、实验、仿真、经营管理等各个环节，提供所需的各类跨领域多学科多专业知识。另一方面，知识及智能科学技术融合于制造资源/能力服务全生命周期的各个环节，如资源/能力描述、发布、匹配、组合、交易、执行、调度、结算、评估等。知识及智能科学技术覆盖了这两个维度构成平面中各个坐标点，为制造云提供全方位的智能化支持。

7.2 金融云

金融云的崛起是必然趋势。随着金融业改革的深入推进，强大的云服务将成为支持金融业务创新发展的新引擎。金融云时代已经到来，金融行业的云计算应用已经起步，并正在逐步克服存在的困难，不断趋向广泛而成熟。本节的内容综合参考了相关研究团队的成果。

7.2.1 金融云概念

金融云是金融机构融合云计算模型及业务体系所诞生的新产物，是金融机构利用云计算的有益探索。

从技术上讲，金融云就是利用云计算机系统模型，将金融机构的数据中心与客户端分散到云里，从而达到提高自身系统运算能力、数据处理能力，改善客户体验评价，降低运营成本的目的。从概念上讲，金融云是利用云计算的模型构成原理，将金融产品、信息、服务分散到庞大分支机构所构成的云网络当中，提高金融机构迅速发现并解决问题的能力，提升整体工作效率，改善流程，降低运营成本。

7.2.2 云计算为金融机构带来的收益

云计算已经在 IT 公司取得巨大成功，包括 Google、Amazon 和 Microsoft 等公司利用高度全球化和可扩展的基础设施架构，构建了高效的网络搜索、电子商务、社交网络及其他形式的在线服务。可以预见，在未来 5 年，云计算将对金融行业的经营模式和竞争格局产生深远的影响。云计算不仅仅是简单的服务器和存储器租赁，更深层次地，它提供了一种灵活、敏捷的以客户为中心的业务模式。这种方式将 IT 技术与金融业务细节分离，使银行管理层能够更好地利用 IT 技术，而不需具备专业 IT 知识。总体来说，云计算为金融业特别是银行业带来的机遇与收益可归结为如下 5 点。

1. 节约 IT 开支

降低成本开销是云计算最主要的优势之一。一方面，利用云计算所提供的硬软件资源重用机制，金融机构对 IT 基础设施建设的成本将大幅降低；另一方面，由于云计算对用户的专业技能要求降低，使金融机构的技术支持团队也大幅缩减。云计算提供了海量存储和大规模的数据处理能力，降低了单位数据存储和处理的开销。

2. 构建灵活的金融服务

云计算提供了服务部署的新方式，使金融机构能够快速从业务需求和设计出发，按需配置业务所需的资源。与此同时，云计算服务也被不断地应用到基于第三方平台的资金结算体系中。Paypal 公司通过云计算来提高资金流动效率。Amazon Web 服务和 Microsoft Azure 也试图考虑整合资金链条，提高资金流动效率。Twitpay、Zong 和 Square 等创新支付公司也都加入这一阵营中，致力于减少费用，加速资金流动。对于金融机构来说，他们能够与其他合作方共同向客户提供服务。在这种合作中，云计算向银行等金融机构提供了一种新型盈利模式——无须在新的地区构建分支机构就能够提供全套金融服务。

3. 提升客户体验

云计算能够提供全年全天 24 小时不间断的金融服务。领域专家能连接到任何分支机构，作为顾问回答任何关于产品和服务的问题。这种全方位的 IT 支持能够提高商业银行等金融机构各分支机构的客户服务能力。通过云计算，金融机构能够提升客户体验，增加现有客户黏度和吸引新客户。

4. 加速产品创新

利用云计算平台服务的便捷性和速度来驱动产品服务创新。平台云如 Azure、App Engine 和 force.com 的优势几乎体现于各个部门的 IT 应用。这些平台通过创建松耦合的可重用软件应用，而专注于业务层面的需求。金融机构利用云计算技术帮助客户选择适合的平台，并决定松耦合系统之间的连接性，快速开发出自身所需的应用程序。同时，使用云数据存储和 Web 框架，云内的应用能够更快地投入业务运营。

5. 提高数据分析能力

目前，大多数商业银行等金融机构仍然缺乏成熟的适用客户的数据分析工具，在共享、整合和存储大量分析数据方面也存在问题，而云计算则有可能大大提升商业银行客户信息的处理能力。目前，金融机构可以从 Amazon Web Service、Microsoft 或 Google 等租借所需要的计算能力，快速处理大量业务数据，帮助实时制定决策。金融机构可以使用租借的计算能力计算货币交易投资组合的风险、分析客户消费习惯等。在国外，部分金融机构已经在使用当今基于云的分析工具。如信用卡公司 Visa 正使用 Hadoop（免费软件，允许并行处理数据）挖掘两年的交易记录（数据量达 36 万字节，涉及交易额 730 亿美元）来构建防欺诈模型。

7.2.3　云计算在金融行业的应用模式

云计算在金融行业有广泛的应用可能，作为一种技术架构和服务模式，云计算可以被应用到金融业务价值链的方方面面，包括 IT 基础资源服务管理、BPM 业务流程管理、内容管理、后台处理、CRM 客户关系管理、个人银行服务、支付服务等诸多业务领域。从某种意义上来说，金融业务的每个环节，都可以采用云计算的方式重新审视和改造其支撑技术和业务模式。例如，被广泛使用的 Paypal 和支付宝等专业网络支付服务，已经是一种金融支付的云服务模式，使大量中小型企业商户方便快捷地获得电子支付结算服务。云计算涉及的领域虽多，但在金融行业的应用方式不外乎以下三种。

1. 在企业内部建设企业私有云

这是目前大多数金融企业首先考虑的云计算应用方式，其主要价值在于降低 IT 总体拥有成本，提升 IT 服务质量，提高 IT 服务效率。所谓私有云，在企业层面更多是指 IaaS 模式。IT 部门通过引入云计算技术改造内部的 IT 基础设施，实现计算资源、存储资源的虚拟化、自动化供给和面向服务的快速交付。

金融企业实施金融云可以实现以下收益：通过虚拟化和池化共享的手段，提升金融企业硬件资源的使用率；加速其基础设施服务的申请和交付速度；大幅提高 IT 运维的标准化和自动化程度，改进 IT 运维效率；通过分布式计算、网格计算等技术降低大规模计算的实现成本。

建设私有云的价值收益目前已经被多数金融企业接受，但在实践中，由于银行的业务系统大多已经长期存在并持续运行，多种平台和技术并存，环境比较复杂，实现内部基础设施全面的云化有相当的技术难度。同时，这种"在移动的车子上换车轮"的方式毕竟存在一定技术风险。目前绝大多数金融企业在私有云建设上都处于试点阶段，主要在以下两个领域。

（1）开发测试环境的基础设施服务，即所谓的"开发测试云"。一方面，因为开发测试环境的基础设施存在大量和多样化部署请求，资源池化和快速供给的需求和收益都非常明显；另一方，面由于开发测试环境的基础设施改造不会影响业务系统运行，降低了新技术的使用风险。

（2）在新应用上尝试新的云计算技术架构。部分银行开始在某些新应用上尝试使用云计算领域的新型技术架构，如采用 Hadoop 分布式计算平台实现 BI 分析等大规模数据处理的应用。目前，已经有部分银行和保险公司在尝试私有金融云的建设，某些新应用也在探讨采用云计算技术的可能性。

2. 使用外部的公有云服务

使用外部第三方提供的公有云服务是快速享受到云计算好处的一种应用方式。使用公有云服务，可以有效降低固定资产投资，提高服务质量，使企业专注于核心价值，并能通过整合第三方的服务来快速灵活地改造自己的业务价值链，实现业务创新，加快市场的反应速度。国外已经有不少银行和保险公司尝试了公有云应用，在各个服务层次上的使用情况不一。

（1）IaaS（基础设施即服务）。在基础设施方面，使用外部提供的服务对国内外金融企业来说并不陌生，不少金融企业已经在使用中金数据、万国数据等提供的备份和托管服务，但这些传统托管业务由于不具备池化、快速弹性和按需自服务提供等特点，还不算是 IaaS 的云服务。目前，传统金融企业使用 IaaS 公有云服务的并不多，以最大的 IaaS 云服务提供商 Amazon 为例，其用户群体主要以新兴网站和中小企业为主，金融业客户很少。这主要是由于金融企业在 IT 基础设施上的资源投入比较充足，且对 IaaS 共享资源方式的数据安全性和服务水平保证有所担心。

（2）PaaS（平台即服务）。目前，部分金融企业已经开始采用公有云的 PaaS 平台开发、测试并运行一些应用。如 BoA 美国银行使用 force.com 提供的平台来替代原有的局部应用系统。国内受服务资源和金融企业管理要求等影响，实际使用的案例并不多。

（3）SaaS（软件即服务）。SaaS 是金融企业采用外部公有云服务最多的领域，与国外 SaaS 模式经过十余年发展拥有相对成熟的提供商和经过验证的服务水平有关。如最大的 SaaS 服务提供商 Salesforce.com 在为 Mizuho、BoA、Ally Bank、ING 等多家大型银行和保险公司提供 CRM 客户关系管理方面的 SaaS 解决方案。国内的 SaaS 服务起步较晚，目前国内金融业使用 SaaS 服务的主要是小型村镇银行。神码融信软件有限公司为村镇银行提供的核心系统 SaaS 服务经过两年多的发展，已经有 10 家左右的村镇银行用户。通过采用 SaaS 服务，系统可以快速上线，并省去初期的大量投资，按照使用付费，降低成本，较为适合规模不大的小型银行。在大型银行和金融机构中，核心系统采用 SaaS 服务的可能性不大，但在一些辅助管理和办公领域如会议协作、E-Learning 培训等方面，可以考虑引入 SaaS 服务，将这些边缘类应用交给更专业的服务商，从而提升客户体验，将 IT 资源集中到关键业务领域。

3. 对外提供公有云服务

金融企业有可能和有必要成为云服务提供商吗？成为 IaaS 和 PaaS 提供商既无必要也无可能，因为这与金融业务基本无关，但成为 SaaS 的服务提供商却完全有可能，而且已经成为金融企业潜在的发展方向。优质和适当的 SaaS 服务能够吸引新客户、增加既有客户黏性、提升服务价值、打造竞争优势并实现业务创新。

Mint.com 2007 年推出了对个人的理财云服务，客户可以将自己在各个银行、信用卡公司和经纪公司的数据整合在一起，进行财务管理和理财计划。依靠"省钱支招"等个性化服务和创新体验，Mint.com 迅速吸引到大量年轻用户，开创了金融领域的新型模式，引起花旗银行、摩根大通银行等金融巨头的关注。

除了针对个人金融市场的云服务，一些金融企业也开始尝试对企业市场提供 SaaS 服务。如某银行与软件企业合作推出了以在线进销存管理、资金和财务管理、客户关系管理等 SaaS 服务，开辟了新的中间业务领域，丰富了服务内容，增加了客户黏性。

7.2.4 基于云的业务模式

IBM 全球企业咨询服务部（Global Business Services，GBS）与中国工商银行联合发布了《从云计算到基于云的业务模式——国内银行未来创新机会》白皮书。该白皮书指出，云计算作为一种全新的生产力将帮助国内银行打造新的业务模式，带动产业转型并重塑产业链。国内银行应紧抓这一机遇推动中国银行业转型。同时，该白皮书还从银行的零售客户、特约商户、小微企业、供应链企业和银行及合作伙伴共 5 个角度提出了云计算对于国内银行的七种云业务模式创新机遇。

1. 针对零售客户：基于"云"的产业模式创新机会思考

利用云所具备的资源高效聚合与分享、多方协同的特点，将有望整合银行产业链各方参与者所拥有的面向最终客户的各类服务资源，包括产品、网点服务、客户账户信息等，为客户提供更加全面、整合、实时的服务信息与相应的银行服务，解决客户当前面临的信息不对称困境。

2. 针对零售客户：基于"云"的企业模式与收入模式创新机会思考

利用云的优势，如通过更丰富/多渠道（包括外部合作伙伴渠道）的信息、流程交互与验证，客户可以更加随时随地、自主地获取所需金融服务，从而改变当前银行服务中对服务渠道、时间的某些限制。同时，云实现的内外部多渠道信息整合将意味着银行能更精准地预测客户需求，从而更加主动地给客户提供全方位金融解决方案。而另外对于某些业务，银行可以利用云标准化与自主服务的特点，使某些原本需要银行完成的业务流程，由客户自主完成一部分或全部流程。

3．针对特约商户：基于"云"的企业模式与收入模式创新机会思考

利用云提供的标准化服务，围绕特约商户的核心业务活动以及与银行相关的业务活动，为同一类型商户的共性需求提供基于云的标准化增值服务。同时，利用云来促进银行与特约商户的业务协同、资源聚合与分享，银行可以获得商户拥有的资源，在结合云的智能化分析能力后，能够更加深入地掌握商户的具体业务信息而非简单的交易流水，进而为商户提供全方位的解决方案。

4．针对小微企业：基于"云"的企业模式与收入模式创新机会思考

利用云的可扩展性、资源共享和标准化服务的特点，为小微企业提供基于云的业务管理与财务管理服务平台，并与银行的服务实现无缝衔接。而且，基于云多方协同的优势，可以建立银行与工商管理等企业监管部门的多方流程协同，从而为小微企业提供一站式的服务和一体化的业务办理。此外，银行可以凭借增值服务及对客户业务及财务信息的全面掌握，获得小微企业的全面银行业务，并通过对云端展现的客户及客户群体的业务、财务信息的分析，更智能地为客户提供所需银行产品。

5．针对供应链企业：基于"云"的企业模式与收入模式创新机会思考

利用云标准化服务、多方协同等特点，围绕上下游企业采购、销售、物流等供应链环节为上下游企业提供标准化的端到端流程处理平台，并实现银行服务平台与供应链管理平台的无缝衔接，将供应链企业之间交易所引发的"商流—物流—资金流—信息流"在线整合，使企业在供应链流程的任何环节迅速地获得所需银行服务。同时，围绕企业财务、税务管理所涉及的相关政府机构、专业机构，实现多方流程协同，使企业获得一站式服务。

6．针对银行运营领域：基于"云"的产业模式创新机会思考

利用云的资源聚合与分享、标准化服务、多方协同的优势，围绕银行业共同关注并且具有共性的一些内部管理领域，如客户信用信息，可以由行业监管机构或第三方利用云建立更加实时、全面、智能的行业信息共享模式，不同银行以及其他协作机构可以参与共享信息并按需获取信息。对于银行业共同面对的各类行业管理机构，可以建立标准的协作流程，形成标准化的服务，将原先需要银行各自投入大量资源去做的工作交由云完成。而行业通用的模式决定了这些内部运营领域可以产生产业模式创新的机会，这种产业模式创新可以由第三方为整个行业提供云的服务。

7．针对银行运营领域：基于"云"的企业模式创新机会思考

利用提供标准化流程服务的云完成某些类型的银行后台业务处理流程，或者通过云建立更灵活的内部后台运营体系，优化银行内部运营资源的使用。在某些银行业务领域中，

不同银行与客户、业务合作伙伴的流程交互往往存在共性，或者单个银行与不同客户、不同合作伙伴的流程交互往往存在共性。因此，利用云的标准化流程与多方协同的特点，单个银行或数家银行联盟后可以建立与客户、外部合作伙伴的业务流程协同云。

7.3 健康医疗云

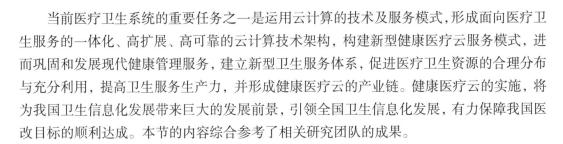

当前医疗卫生系统的重要任务之一是运用云计算的技术及服务模式，形成面向医疗卫生服务的一体化、高扩展、高可靠的云计算技术架构，构建新型健康医疗云服务模式，进而巩固和发展现代健康管理服务，建立新型卫生服务体系，促进医疗卫生资源的合理分布与充分利用，提高卫生服务生产力，并形成健康医疗云的产业链。健康医疗云的实施，将为我国卫生信息化发展带来巨大的发展前景，引领全国卫生信息化发展，有力保障我国医改目标的顺利达成。本节的内容综合参考了相关研究团队的成果。

7.3.1 健康医疗云产生背景

医疗卫生信息化建设作为"新医改"的八大支柱之一，受到从中央到地方及广大民众的普遍关注。新医改要求，建立实用共享的医疗卫生信息系统，以推进公共卫生、医疗服务、医疗保障、药品管理、财务监管信息化为着力点，整合资源，加强信息标准化和公共服务信息平台建设，逐步实现统一高效、互联互通。只有加快推进卫生信息化建设工作，才能在客观监测医改工作进展、评价医改实施效果的同时，关注共享各个卫生业务信息，统筹事关民众、牵涉利益各方的重要工作。2002 年 10 月，《全国卫生信息化发展规划纲要（2003—2010）》明确把信息化建设纳入卫生事业发展的总体规划，确定进一步重点加强公共卫生信息系统建设，加速推进信息技术在医疗服务、预防保健、卫生监督、科研教育等卫生领域的广泛应用体系。2006 年 5 月，在《2006—2020 年国家信息化发展战略》中，中共中央办公厅、国务院办公厅明确我国信息化发展的战略重点之一是加强医疗卫生信息化建设，完善覆盖全国、快捷高效的公共卫生信息系统，统筹规划电子病历，从而促进医疗、医药和医保机构的信息共享和业务协同，支持医疗体制改革。

随着国家健康档案标准及区域卫生信息平台建设指南的发布以及相关研究的深入，应用传统技术实现区域卫生信息化的主要矛盾是海量数据的压力。在目前的全球实践过程中，大量的实例和研究表明，为应对卫生大数据的压力，被迫采用物理分布的多数据中心耦合建设机制，数据中心间通过数据共享平台以及数据注册机制来实现协同，导致数据一致性问题以及差错修订困难等问题。此外，卫生数据要求高速检索的需求也迫使整体硬件环境向更高投资发展，这不利于区域卫生信息化整体实现。

通过广泛收集国内外各种医疗卫生信息化的文献资料，在医疗卫生信息化建设背景中，分别从政策背景、信息技术发展背景、医疗卫生信息化的必要性等方面分析了发展医疗卫生信息化建设的势在必行。在政策面上，从国家主管部门到卫生信息化的主管部门，分别有两化融合及信息化战略、医疗体制改革、医疗卫生信息化"十二五"总体规划等政策的支持；在技术层面，云计算、物联网、新一代互联网等新技术蓬勃发展，软件服务模式发生深刻变化，使医疗信息化建设进入健康医疗云建设的新阶段。

7.3.2 健康医疗云概述

1. 健康医疗云的定义

随着云计算在医疗卫生领域的广泛运用，健康医疗云随之而诞生。所谓健康医疗云，是指在医疗卫生领域采用云计算、物联网、3G 通信及多媒体等新技术基础上，结合医疗技术，使用"云计算"的理念来构建医疗健康服务云平台，利用云计算技术巩固和发展现代健康管理服务，构建新型卫生服务体系，提高医疗机构的服务效率，降低服务成本，方便居民就医，减轻患者的经济负担。

2. 健康医疗云的运营模式

医疗信息资源的敏感度、隐私性、重要性非常高，对于整个社会医疗水平、社会稳定和居民健康水平有着重要的战略意义。医疗机构应根据自身切实业务需求确定云计算的运营模式。

根据云计算服务的部署方式和服务对象范围可以将云分为三类：公有云、私有云和混合云。相应的健康医疗云平台可以细分为以下 4 种运营模式。

（1）医院云模式。由医院自行投资，管理权归医院所有，将健康医疗云平台部署在医院集团内部，作为医院业务管理支撑系统来使用，仅对医院集团内部的各个分支机构进行授权使用。

（2）自营私有云模式。由医院自行投资，管理权归医院所有，将健康医疗云平台系统部署在专业机构进行托管，作为医院业务管理支撑系统来使用，针对医院集团内部的各个分支机构进行授权使用，同时对部分其他医疗机构开放使用。

（3）区域私有云模式。由医院、第三方机构及政府管理部门共同投资，管理权归医院或政府部门所有，委托第三方机构进行技术托管和支持维护，开放给区域内的卫生医疗机构使用，并针对居民和药品厂商、专业医疗研究机构提供增值服务。采用该模式的有上海闸北区健康云。

（4）公有云计算模式。政府部门单独或主导投资，多家医院、第三方机构参与投资，管理权归政府部门所有，委托第三方机构进行技术托管和支持服务，任何希望加入健康医疗云平台的医疗机构、药品服务商、医疗研究机构都可以在平台上加入自己的应用，也可以通过平台为用户提供细分的领域服务。采用该模式的有上海健康网云计算平台。

3. 健康医疗云的典型特征

健康医疗云相对于传统的医疗卫生信息化来说，主要具有以下 8 个典型特征。

（1）分布式（大规模）。由于健康医疗云的支撑范围较大，需要较高的计算能力和存储能力，因此健康医疗云应该具有较大的规模。

（2）虚拟化。健康医疗云应该支持用户能够在任何位置使用任何终端来获取相应的应用服务。对于用户来说，所请求的服务来自健康医疗云，而不是来自任何实体。只需要一台笔记本或者手机，即可通过网络实现如远程会诊读片、查询诊疗信息，甚至是进行大规模数据分析这样的任务。

（3）高可靠性。健康医疗云应该具备多副本容错、计算节点同构可互换等措施，来保障医疗服务的高可靠性，健康医疗云应该比任何传统的医疗信息系统更为可靠。

（4）通用性。健康医疗云并不应仅仅针对某种医疗应用服务，而应该满足医疗卫生服务方方面面的信息化需求，以便同时支撑不同的云应用的运行。

（5）高可扩展性。健康医疗云的规模可以进行动态伸缩，满足不断发展的医疗新应用的要求和用户数量增长的需求。

（6）按需服务。健康医疗云可以根据具体用户的实际情况，按需提供相应的服务。健康医疗云就相当于一个巨大的资源池，可以像水电一样按需使用。

（7）经济性。由于健康医疗云的特性对于节点的要求并不高，可以采用较为廉价的节点来构成健康医疗云。同时健康医疗云的自动化集中式管理可以使大量的医疗卫生服务机构无须负担日益高昂的数据机房管理成本，健康医疗云的通用性又能够使资源的利用率较之传统方式大幅提升，因此用户可以充分享受到健康医疗云的低成本优势。

（8）安全性。健康医疗云运用云计算的安全技术将确保系统运行安全，并保护广大居民的隐私安全。

4. 健康医疗云的总体架构

构建新型"健康医疗云"服务模式，能够保障基本医疗和公共卫生服务，提高人民健康水平，促进经济发展和社会稳定和谐。健康医疗云在区域内服务于各卫生管理部门、医疗机构、公共卫生机构以及居民；实现居民健康档案管理与共享、一卡通、医疗业务协同、公共卫生管理、综合卫生管理等应用。

基于云计算模式建设形成的健康医疗云服务云平台，以居民电子健康档案信息系统为基础，构建区域卫生资源信息服务平台和网络体系，提供包括医疗资源、电子病历、医学影像、医疗机构协同、远程诊断、个人健康咨询、家庭保健等服务，支持通过市民"一卡通"提供个人健康和医疗保健服务，支持发展新型医疗健康信息服务。

通过将云计算技术应用于医疗卫生应用建设，可以建设低成本、高弹性、可靠性和可用性的 IT 基础设施，在此基础上解决海量处理、高并发性、多租户应用等多种需求，有效提高系统的高可靠性和可扩展性，促进信息资源共享利用和开发，节约项目投资。（健康医疗云的总体架构见图 7-2）

采用云计算架构设计建设卫生服务行业应用，主要分为以下三个层面。

（1）在 IaaS 服务方面，基于虚拟化技术，利用资源的动态分配和弹性扩展，实现信息调阅、智能提示和网上预约等业务，并通过虚拟机资源的动态配置，把 CPU、内存、网络等资源集中在负载高的业务上，从而实现基础设施的充分利用，降低能耗。

（2）在 PaaS 平台服务方面，利用分布式存储等技术，实现影像数据、健康档案等数据按块存储在不同节点上，提高应用的并发能力、安全性和可靠性。

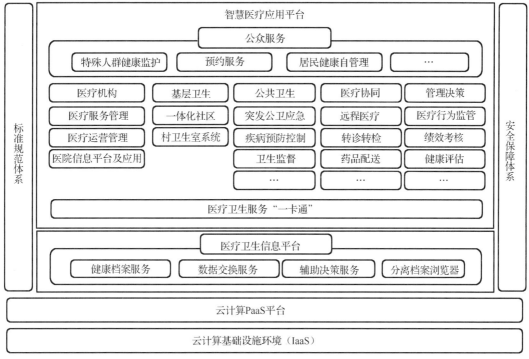

图 7-2 健康医疗云的总体架构

（3）在 SaaS 平台服务方面，通过面向健康卫生领域的多租户机制，在保证租户间信息、业务逻辑隔离的情况下实现跨租户的信息共享，同时平台所提供的业务、运营以及行业构件支撑，可以更好地促进业务的标准化，实现资源汇聚。

7.3.3 健康医疗云在卫生信息化中的定位和作用

1. 健康医疗云的定位

健康医疗云在卫生信息化中的定位主要体现在实现卫生信息化领域的 5 个"统一"。

（1）统一的数据管理中心。通过数据集中存储、虚拟化管理等技术手段，建设统一的医疗云数据中心，包括机房用地、物理环境、网络、服务器、存储、安全、监控管理平台等子系统。

（2）统一的服务开发平台。通过云计算的平台服务技术，提供包括数据支撑、通用技术支撑以及行业应用支撑在内的统一的服务交付方式。同时建立与医院、社区等各类卫生服务机构的医疗卫生资源整合，为健康服务提供一体化的支撑，建立标准规范，提高医疗数据质量，促进健康信息共享和协同诊疗，实现医疗资源共享。

（3）统一的应用部署中心。在传统的医疗卫生信息化基础上，将公共卫生、区域卫生、综合卫生管理、健康服务等几个卫生业务领域的信息系统分步骤地全面迁移到医疗云平台上，建立服务于区域卫生、公共卫生和卫生管理的云服务应用，实现应用的一次部署、多处交付使用的云模式应用。

（4）统一的资源调度中心。通过虚拟池化和分布式计算等技术，对服务器、CPU、存储设备、IO 设备和网络带宽等 IT 资源进行统一管理，进而大大提升 IT 资源的使用效率，形成统一高效的资源调度中心。

（5）统一的安全监控中心。应用云安全技术，充分利用云端的超强计算能力实现云模式的安全检测和防护，形成统一的安全监控和服务中心，应对云模式下无边界的安全防护，充分保障服务安全和用户的隐私安全。

2. 健康医疗云的主要作用

健康医疗云在医疗行业的主要作用可分为以下三点。

（1）提供统一的医疗卫生信息基础设施。健康医疗云可将不同医疗机构的信息系统整合，形成统一的标准的医疗卫生信息基础设施，并在此基础上提供整合的医疗业务服务，提升医疗行业的整体服务水平。例如，上海申康医院发展中心开展的集约式预约服务，将 34 家医院的专家挂号资源整合到一个平台上，并实践与医院 HIS 系统的联动。

（2）提供健康记录服务。健康医疗云可以集中管理所有患者的健康档案，建立新型的医疗服务平台及服务模式，在面对紧急医疗事件时，可以为医生提供该患者准确的信息，如上海申康医院发展中心开发的急诊小助手等。

（3）通过健康医疗云达到合理使用医疗资源的目的。许多医疗机构都在研究以云数据为基础的技术来共享医疗图像和报告如影像会诊系统。上海申康医院发展中心使用一个云数据平台来收集和共享 34 家医院的诊断影像信息，并将其主要用于医院的临床需要。同时，影像报告可以通过互联网，在申康门户网站上供患者查询，满足患者、医生和医院采用电子手段从医院的任何部门收集、共享和使用医学诊断图像的需要。在影像存储方式上，采取以数据中心集中式存储为主，数据分中心分布式共享存储为辅的混合存储模式，达到节省存储运维费用的目的。

3. 健康医疗云在基层医疗中的应用

2011 年 6 月，国家发展和改革委员会（简称国家发改委）社会发展司和卫生部规划财务司联合下发《关于报送 2011 年基层医疗卫生管理系统中央预算内投资建设项目方案的通知》，启动基层医疗卫生管理系统的试点建设。2012 年 5 月，国家发改委下发《基层医疗卫生机构管理信息系统建设项目指导意见》（以下简称《指导意见》）。《指导意见》旨在提升基层医疗卫生机构服务能力，并提出到 2015 年，"逐步建成覆盖城乡基层医疗卫生机构的信息系统"。基层医疗机构的信息化是"十二五"基层医改的主要内容，要求以省为单位，建立涵盖基本药物供应使用、居民健康管理、基本医疗服务、绩效考核等功能的信息系统。

基层医疗卫生机构管理系统的建设主要包括两种模式。一是分级建设模式，在县级建设信息系统，为基层医疗卫生机构提供服务；二是"云计算"模式，招标第三方机构依托云计算技术建设信息系统，为医疗卫生机构和政府部门提供服务。

《指导意见》指出，通过信息系统的建立，实现电子健康档案的动态更新，以及与电子病历的互联互通，为提高基层医疗机构服务能力奠定基础。这种服务能力的增强，在分级模式中主要来自不同级别医院间协作的强化，如已讨论颇多的远程影像协作技术，便于上级医院专家指导下级医院的医生进行操作。

健康医疗云在基层医疗服务的应用通常是以建立县（区）范围的区域医疗公有云平台为目标，通过云平台连接到各乡镇卫生院、社区卫生中心，从而实现基本医疗服务信息系统的建立与覆盖。

在项目实施过程中，应基于区域医疗数据中心的基础架构设备，以主机虚拟化、存储虚拟化、网络虚拟化等技术为核心，依据医疗信息化的特色，划分为 HIS 业务域、PACS 影像业务域、其他应用域，将医疗机构的医疗信息化软件迁移至 IaaS 云计算平台。对基层医疗卫生机构来说，由于服务器、数据库、应用系统等都在云端，自身只需投入必要的终端硬件成本即可实现所有医疗业务，节省大量的建设资金和维护成本。同时，通过健康医疗云平台实现了数据共享、应用技术共享和区域医疗协作，加强了卫生管理部门的监督和绩效考核能力，便于管理部门及时掌握数据、实行实时监控。

4. 健康医疗云在区域医疗信息平台的应用

2012 年国务院发布的《"十二五"期间深化医药卫生体制改革规划暨实施方案》提出：加快推进医疗卫生信息化。利用云计算等先进技术，发展专业的信息运营机构。加强区域信息平台建设，推动医疗卫生信息资源共享，逐步实现医疗服务、公共卫生、医疗保障、药品监督和综合管理等应用系统信息互联互通，方便群众就医。

"十二五"规划将民生问题提到了前沿，医改首当其冲，其中用信息化手段解决"看病贵、看病难"的顽疾，将是一个重要任务。区域医疗卫生信息化的核心是实现电子健康档案和电子病历的共享，而健康档案和电子病历的特定的两个医院间传输其实并不困难，通过系统间的接口就完全可以实现，但是要实现区域中几十家医院和上百个社区之间的互联互通，通过点对点的接口方式基本不可能，因此，一个合理的方法就是把点对点的问题变成多点对一点的问题，即建立一个集成平台，把所有的文档都传送到平台上，而所有的人在需要的时候再从平台上获取文档。

区域卫生信息系统非常复杂，信息共享的高集成度与信息发生地和用户的极度分散存在巨大矛盾，医疗云计算可以帮助医疗行业对海量数据进行管理、整合和处理。医疗机构各方提供的医疗服务通过医疗服务总线连接起来，协同完成医疗服务流程。医疗机构及病人通过基于标准的电子健康档案来共享和交换信息。基于云计算网络环境的电子健康档案将医疗机构的系统和设备通过互联网或专用网络互联起来，大幅度减少运行成本，并提高医疗资源的使用率。

与传统集中式手段建立区域医疗信息平台相比，云计算除了降低成本，还具有更高的灵活性和扩展性。对于医生、护理人员和其他医疗支持这来说，不管这个病人身处何地，通过云计算技术可以实时共享区域中医院的病人资料，医务人员可以从互联网激活的设备上去获取这些信息，而不需要安装任何软件。病人的电子医疗记录或检验信息都存储在中央服务器中，可以全球索取，资源可以由一个医院群共享，而不在某个医院单独的 IT 系统中。这将形成各医院患者信息大联合的景象。

健康医疗云计算可以为参与区域协同医疗的机构提供各种系统的集成与协作环境。通过 SaaS 的创新模式向医疗机构和个人提供一整套在线服务，不仅包括以医疗机构的业务信息为核心的信息发布功能，为病人方便获取医疗服务和健康知识提供工具，如个人门诊服务预约、个人健康档案及管理、健康咨询、网络心理咨询和健康常识等，还可方便扩展其他功能，大大缩减医疗机构的投资。通过对各种医疗资源系统的整合，为医生提供了实时的、集成的、可操作的数据，从而为患者提供准确诊断，降低成本，减少医疗事故。医院与其他部门间可以共享信息，以及共享基础建设。

5. 健康医疗云在大型（或集团）医院的应用

当前，一些大型三甲医院出现集团化的趋势。所谓集团化，即一家医院在其他地区开设新的医院或合并、收购其他医院。传统模式是到一个地方，系统就要重新实施一遍。如果利用云计算技术，在集团内部可以做成一个云数据中心，之后几家医院的硬件、数据库、中间件等软硬件是不需要重复购置的。因为同一个集团的业务模式和流程都是差不多的，只需要做很小的改动，就可以节省大量的软硬件购置成本和后期维护成本。此外，一些综合性三甲医院还出现区域化趋势，即三甲医院利用其区域优势，与区域内其他二级医院、社区卫生中心合作建立医疗联合体，开展双向转诊、专家预约等项目，实现数据共享。这种模式下，三甲医院建立的医疗云平台就是医疗私有云建设者，向集团或区域内部其他医疗机构提供云服务。而其他医疗机构则是云计算使用者，从医疗私有云中寻求满足自己需求的计算资源，通过采用云计算降低 IT 投入。

通过在医院或医院集团内部实施云计算，实现医疗数据采集、信息共享和资源整合，海量医疗数据挖掘和分析，医疗全流程的智能化，医疗数据记录自动化，从而建立"家庭—社区—医院"的有效健康服务体系。

7.3.4 健康医疗云的实施

1. 健康医疗云的功能研究

伴随着医疗体制改革的深入，需要在广大居民、社区医疗服务机构、大型医院之间建立一个透明的、便捷的、包容的服务平台，从而使医疗资源进一步社会化使用，更大地促进医疗体制改革的深入发展。现代信息技术的运用，有助于解决我国医疗卫生领域存在的信息不对称问题，有助于创新医疗服务模式，更好地实现全民健康保障的目标。

利用先进的云计算技术，建立健康医疗云，冲破区域、时间的限制，将医疗第三方支付、医疗信息共享、转诊、医疗资源共享等通过统一的平台实现一体化，这是医疗信息化的一个重大突破。

采用云计算技术来构建健康医疗云平台，需要解决的问题是如何融合现有各类医院信息化系统；不同医院之间的信息共享和存储问题；以及如何平衡不同管理模式和管理需求下的功能冲突。

（1）健康医疗云平台以电子病历为核心，将医生医嘱录入系统、转诊管理和医嘱管理纳入云计算平台中，结合国家卫生和计划生育委员会的规范，将医疗机构最核心的医疗业务本身独立出来，形成最基本的服务流程和业务系统，同时按照统一的数据规范和接口标准，为第三方系统提供集成服务。提供对各个分院、社区医疗点的业务支撑、病人信息共享和居民健康档案的试点，并逐步与其他 HIS、LIS 等进行数据接口集成，从而实现对社区、下辖医院、相关医疗机构的云端共享。平台功能只关注居民健康数据和诊疗数据的抽象和存储，将具备高度统一性的诊疗信息进行范式化，而不涉及各种医疗业务管理信息，从而避免由于业务管理流程不同而导致的冲突。

（2）功能设计上采用应用集成模式，而非系统集成。健康医疗云平台只是提供一个应用集成的手段，即云端共享。诊疗业务在用户层面上集成，逻辑处理层可以由现有 HIS、LIS 等各类专业系统完成，也可以由专业云应用系统担当。将系统结构与功能设计分离、数据存储与应用开发分离、业务流程与用户界面分离，以保证平台在不同的医疗机构、行政管理模式都能聚焦在核心的业务处理上，实现更多第三方系统的融合。

2. 健康医疗云的评估分析

各医疗机构在开展健康医疗云项目时，必须对整个项目进行完整、详尽的评估分析。

（1）要明确评健康医疗云的定义和评估期望值。在此阶段需要明确：谁是云计算的首要干系人（干系人是指在项目管理中，积极参与项目或其利益可能受项目实施或完成的积极或消极影响的个人或组织）；对云计算在医疗领域应用的期望效果是什么；通过健康医疗云可带来哪些类型的服务；健康医疗云的客户群在哪里等。

（2）要搞清楚管理层期望从准备评估中得到怎样的结果。有些管理层只是期望采用新技术而"人云亦云"，而另一些则期望看到明晰的前景和具体实施路径。如果需要的是明晰且有具体实施方案的，就要对医疗机构价值因素以及运行因素之间做比较评估。对现有环境架构有深刻的理解，设计出一个信息化建设目标架构，并将两者进行比较分析。以上两种期望的结果都是比较理性的，而且可能同时满足。根据投入的程度而设置期望值对于这种评估是非常重要的。

（3）考虑是否有一个非常成熟的熟悉医疗卫生领域的基础设施运维团队。由于健康医疗云有诸多目标，而寻找运维上能够节约成本以及具有更大的敏捷性往往是最普遍的期望。要实现这些目标就意味着必须对执行团队以往的事件管理、能力管理以及系统可用性方面的业绩进行分析。在进行分析活动的过程中，需要记录这些系统和过程，同时还要对整体的运维成熟度进行评分。如果运维团队在交付基础设施服务方面不够成熟，那么只会进一步加重运维团队的负荷。

（4）对健康医疗云容量进行规划。首先需要了解或计算健康医疗云在数据中心有多少可用容量，目前正在使用的可用容量有多少，容量将在何时释放。云计算容量是指云计算允许用户为他们的应用程序指定所需系统的每个资源量。其次计算投资回报。云计算投资回报率主要体现为 IT 能力和 IT 利用率这两个指标。IT 能力根据存储、CPU 主频、网络带宽或者工作负载内存容量等性能指标来衡量。IT 利用率根据正常运行时间的可用性和使用量等行为与可用性指标来衡量。最后要对将来可能会出现的新需求的时间和内容进行预测。

7.4 教育云

7.4.1 教育云概述

1. 教育云定义

教育云是利用先进的云计算技术，将教育信息化资源和系统进行整合和信息化，在云平台上进行统一部署和实现，通过互联网给广大师生乃至社会人员提供服务的系统。

在新的信息技术出现的情况下，可以看到这样的趋势：服务化的驱使下能够帮助教育系统更加完善，包括高校、高职、高专、中小学校在信息化转型过程中更为平滑，实际上云计算就是这样的代表。

整个教育信息化是非常大的领域，按照国家中长期规划定义分成三个部分：基础设施、管理和资源。但是这三个方面都是围绕教育信息化的核心来做的，基础设施包括整个高校的数据中心、资源，如课程资源、管理信息系统，以及如何管理在高校中所有牵扯到教学科研等各方面的流程。

2. 教育云计算应用的三个战场

云计算在教育信息化领域的应用可以分三个战场：校园教育云、区域教育云和社会教育云。

（1）校园教育云。可以理解成是大学、高校或者中小学校里边的私有云。

（2）区域教育云。是在一个区域内，如一个教育局下面很多中小学，运营商与教育局牵头，把中小学的教育资源都托管到统一的云计算中心，实现对区域内中小学教育资源的集约运用和教育资源的共享。

（3）社会教育云。是互联网体制下怎么突破体制内教育，这种体制内教育外面有一个庞大的体制外教育市场或者培训市场。

3. 教育信息化发展的三个阶段

教育信息化的发展可以分为以下三个阶段。

（1）第一阶段是数字化。数字化是指教育信息行业的资料、信息、数据存放到计算机中，进行自动化处理。这一阶段主要是利用计算机高效处理和存储能力做一些处理。这个阶段如果从时间上来讲，应该在20世纪90年代初到90年代中后期。

（2）第二阶段是集成化。很多IT客户，当信息系统逐渐渗透到企业时，必须经历几个过程，其中有很多分离的系统，这些系统可能是在一个大企业组织内部不同小的部门，分不同的阶段或站在自己的角度分别建设的。这对企业信息系统会有一个非常大的障碍，如果信息系统想要有一个质的飞跃，一定要整合。在集成化阶段，新一代IT技术，包括数据仓库、大数据集成平台等概念在这个阶段开始兴起。这个阶段大概在21世纪初，2000年开始到现在为止很多高校还处于这个阶段。

（3）第三阶段是服务化。任何一个企业信息系统走到集成化后，所有 CIO 都需要思考这个系统下一步将做什么，以服务化的视角看整个系统建设最终带给用户的价值是什么。这个价值可能包含经常讲的用户体验，用户体验只是用户在使用这个系统、使用这个服务时的体验，但最终价值是什么？有可能用户体验很好，但没有价值，也有可能系统很好，但是用户体验不好。向服务化转型过程中实现价值是服务化的核心。整个教育信息化可分成四大块，有教学、科研、管理，以及很容易忽视的一块——文化建设，包括校园的品牌、学校的品牌等，这四大块都是高校在做信息服务化的视角。

教育信息化向服务化转型的过程中会有很多不同的技术出现来支撑这个转型。另外，教育系统需要把云计算看成企业进行战略创新、进行战术转型创新的平台。

4．教育云的作用

云计算对用户端的设备要求很低——这一特点决定了云计算将会在学校大受欢迎。云计算能把分布在大量的分布式计算机上的内存、存储和计算能力集中起来成为一个虚拟的资源池，并通过网络为用户提供实用的计算服务。单独针对"教育云"这一块来讲，它是"云计算"与教育的有机结合，更注重提供和发展校园信息改变传统的教育信息化模式，以一对多的形式来有效发挥"教育云"全面、低价、简便、通用、时尚、安全、开放、绿色等多重优势，解决教育资源分布不均、更新速度慢、教育资源共享程度低等问题，提供更加完善的教育一体化解决方案，这也是我国教育信息技术创新的又一次飞跃。

目前，我国教育发达地区的教育部门、学校和教育企业已经建设了大量的教育信息资源以及承载这些资源的设备设施，而教育欠发达地区很少拥有教育信息资源及相应的基础设施。云计算应用于教育时，教育信息资源存储在"云"上，只要有了连接网络的终端设备和信息资源访问权限，无论是身处偏僻的山区，还是繁华的城市，人人都拥有公平使用这些优质信息资源的权利。由众多优秀教师提供的教育信息资源可以被教育欠发达地区的师生所共享，这也在一定程度上缓解了优秀教师资源分布不均的矛盾。

对于一个大的区域或高层教育部门，可以集中租用云服务，以减少重复投资，提高信息资源利用率，倡导"绿色教育"。"云服务"的便捷性、交互性和海量信息的易检索性对教师的业务进修、成果共享、专业发展和科学研究都会产生重大影响，这有助于教师教学水平的提高，进而提高学校教学质量。在云教育平台上，教育管理的理念和途径也将随之发生变化，管理就是服务的理念可以进一步得到落实。

7.4.2　教育云在中国落地应用现状

"打破界限，资源共享，一站式"是教育云的关键词。其优势在于按需租用，定制化服务无须购买大量设备。这种服务通过网络获得，打开计算机，进入网页，通过账号在桌面上就可实现一系列操作。将硬件、软件、平台、桌面等一系列搭建工程交给厂商，厂商会根据需要提供解决方案。这个方案会涵盖方方面面，如"一卡通"，学生用一张卡就可以实现买饭、消费、借阅、出入校门等，并通过短信通知父母到离校时间和消费明细；班级云平台，通过一个个充满灵气的个人博客，记录下班级和孩子们的成长。学校可以在自己的"云"里面建立选修课云系统、成绩分析云系统、招生报名云系统、电子阅卷云系统和教师评价云系统、学生综合素质云系统等。

1. 各省市的教育云建设

目前，很多省市都拥有或计划建设自己的"教育云"。从2009年起，无锡云计算教育数据中心开始实施全市学校"外网服务器"专业集中托管。市区内或周边偏远学校与无锡市电教馆签订协议，成为无锡云计算教育数据中心入驻用户，就可以免费使用该数据中心的各项服务。加入云计算数据中心后，学校就不用自己建机房、派专人维护，所有学校在新的平台上同步提高，从而推动教育的均衡发展。学生在家打开计算机，就可以登录"云"中的英语学习平台，在数字图书馆里查资料、看视频，用在线字典辅助完成作业，用即时通信工具与老师同学交流。安装一个"社区教育高清播放系统"的数码机顶盒，普通市民就能看到教育电视台的各类节目。无锡教育公共服务平台自2009年起正式实施建设，三年来，这个由公共教育服务、三网融合运行、云计算教育数据中心、教育信息共享和教育公共服务保障五大工程组成的终身学习平台，正在向广大市民提供全员、全程、全方位的服务。

2012年4月初，上海兆民云计算科技有限公司向甘肃省镇原县三岔中学提供卓越的"教育云系统"，该公益性项目以业内领先的兆民桌面云技术为核心，通过兆民云计算机终端，语音教学、计算机实验等多项课程内容得以实现。该系统还为三岔中学提供兆民文库、英语口语考试系统、教学相长系统等SaaS应用，从而与兆民云计算机完美结合，给三岔中学师生带来丰富的教育应用。所有的教材、辅导资料都存储在云端，师生可以随时随地通过兆民云计算机终端调取阅读，实现"无纸化教学"。

"电子书包"是"教育云"的一个系统概念，依托"教育云"服务，在教学过程中学生能通过终端设备实时记录老师的声音、画面等数据，并存入"个人云系统"，放学后，学生可以像"逛街"一样随时查阅内容，还可按需从"教育云"上下载数据，老师也能依托该服务随时"备课"，并实时向这朵云提供内容。

各省教育部门还出炉了一批数字化校园试点，各中小学校也在构建自己的"内部云"。全国第一家被授予"基于云架构数字校园"的示范校——山东省淄博市桓台世纪中学应用了联想集团的数字化校园整体解决方案。

2. 教育云的应用形式

目前，云计算在教育中的应用形式主要有建设大规模共享教育资源库、构建新型图书馆、打造高校教学科研"云"环境、创设网络学习平台、实现网络协作办公等。

早在2011年6月，思科推出教育云规划，提出打造中国教育云的远景：建立一个甚至几十个数据中心，提供虚拟实验室、在线答辩比赛。IT企业在云平台为IT培训中心的学生提供课程，学生在平台上与企业合作项目，表现突出的可以被企业直接录用。同年10月，上海华师京城高新技术股份有限公司与思科在中国正式推出联合品牌"思科·华师京城教育云终端机"。

在不断发展和大规模应用信息化技术的同时，大学也面临着海量数据、分布异构、处理复杂、硬件更新频繁、软件安装烦琐和数据安全凸显等问题。需要使用计算机服务的单位和个人往往不是计算机专业人员，他们对计算机技术缺乏经验；学校各部门彼此独立，资源也相对独立，如果各自独立部署所需的计算机服务系统，将造成资源的严重浪费。在学校，各部门的信息系统虽不尽相同，但运行平台均相近，如果能建立统一的共享基础平台，那么各部门只需在虚拟的平台上部署自己的应用，而后端的平台交给云计算中心处理，那将大大简化用户部署的烦琐性和维护的复杂性，也可提高资源的利用率。

科学研究项目，部分需在高性能计算服务器上进行计算以得出预期的结果。高性能计算系统的投入大、费用高，运行管理复杂，每个需要的部门或项目都建立自己的高性能计算系统是不现实的。故而通过在全校统一建立高性能计算平台，并以云计算的方式提供给用户使用，可极大提高系统的利用率并做到集中管理与应用统计。因此，各知名院校开始与厂商合作，建立云平台，或合建云计算中心。

2011年1月，戴尔公司相继为广州大学搭建了"数字校园服务平台"，并帮助上海数字化教育装备工程研究中心在华东师范大学建立了"教育云计算联合实验室"和"数字化教学联合实验室"。

国内领先的服务器厂商曙光早期凭借其在高性能计算领域出色的技术优势、多年的行业经验以及优质的售后服务，为国内多所院校提供了具有高度适应性的高性能计算平台。进入云计算时代，曙光专门成立了教育行业事业部，并将教育行业云计算中心的开拓作为重点。同时建成了包括哈尔滨工业大学云计算中心、天津大学云计算中心、同济大学云计算中心和中山大学云计算中心等高校在内的云计算服务平台。

针对高校IT服务运维管理，神州数码网络有限公司推出神州数码校园一站式IT服务台解决方案。该方案基于IP融合通信技术的新一代IT运维解决方案，通过对语音、数据的综合处理，将IT使用者和IT运维部门紧密联系起来。系统关注校园IT运维过程的日常问题，将IT服务过程单一化、流程化、透明化，形成以"五管两化三支撑"为特色的统一IT服务管理平台，高度贴合校园IT服务需求，提升校园IT服务水平，优化IT运维工作效率。

网络带宽是云计算的基础，H3C（华三通信）聚焦IP技术领域，以覆盖IP网络、IP安全和IP管理的产品线为积累形成以下一代数据中心解决方案和基础网络解决方案为核心的新一代互联网解决方案，并迅速得到广泛应用，在云计算、数据中心、广域骨干网等高端市场取得巨大进展。

国内彩电生产商TCL在2012年4月率先推出了智能云电视，其智能点读教育系统可以实现书本内容在电视上的实时高清显示、发声朗读，集看、听、读、动手于一体，能带给家庭亲子教育新体验。

在这种背景下也诞生了诸多专业从事教育信息化开发的公司，其数字校园信息化服务平台中丰富全面的应用系统和资源满足了校园信息化管理的方方面面。例如，早在2010年初，浙江浙大万朋软件有限公司（以下简称浙大万朋）推出了当时称为ASP（Application Service Provider，应用软件服务）模式的城域综合信息平台。在这一平台上，运营商通过设立公共数据中心建设一个功能强大的网络和应用系统平台，以"出租"的方式为各级教育单位构建网络门户以及教学、办公和管理的应用程序和教学资源库，提供各种网络应用和增值服务。这种基于SaaS模式的集群部署方案，为广东中小学校节省了近2000台服务器和相关维护人员。

出于对 PaaS 模式的看好，浙大万朋提出了让 SaaS 模式进一步向 PaaS 模式转变的战略，提供统一的教育信息化公共服务 SaaS 平台和二次开发接口及工具，方便第三方本地服务商在此之上做个性化开发。

云计算是未来行业发展的一个潮流。企业所能做到的就是推广教育云的理念，让更多人了解科技带给教育的变化，让使用过、感受过教育云的一部人去带动全体教育人员，逐渐扩大教育云应用范围。未来的教育云应实现学生、老师、家长以及跟教育有关的行业都能在云平台上实时沟通，带动整个教育行业的创新。

7.4.3　教育云计算解决方案介绍

1. 英特尔"一对一数字化学习"解决方案

英特尔"一对一数字化学习"解决方案为学生提供英特尔架构的学习本，并引入"Intel 学习系列计划"，通过合作软件和内容提供商为学校和学生提供充足、及时的教学软件和资源库。

解决方案以学生为中心，在为每名学生提供计算设备的基础上，在教师的指导下，充分利用网络上丰富的教育教学资源，进行主动化地个性学习。

一对一数字化学习把网络教育与实际教育连在一起，使学生创造性新思维的培养和创造性行为习惯的形成不局限在课堂的 45 分钟里。通过数字化设备，学生能够把网络社区、论坛、学习软件、思路笔记、创新的想法、动画等带在身边，也可以带入历史教室或地理教室，把这些知识和教学内容连在一起。

2. 思科校园数据中心解决方案

传统的数据中心思路，可能会采用异构的主机、异构的存储子系统、教学系统和办公系统访问不同的主机和存储设备。这种方案在经济性、灵活性和性能上都有诸多弊端。数字校园需要一个可以基于同一个物理存储空间、对不同用户分配不同虚拟存储空间的解决方案。

思科虚拟 SAN（VSAN）技术改变了 SAN 部署的方式，它能够为客户提供以太网一样的设计灵活性。思科 VSAN 技术可将相互隔离的虚拟结构安全可靠地覆盖在相同的物理基础设施之上，并可在每个存储网络（每个网络均包括多个区和独立矩阵服务）上支持超过 1000 个 VSAN。

思科 VSAN 的最大特点是避免故障的扩散。每个 VSAN 均独立维护自己完整的交换服务集，且每个 VSAN 提供隔离的交换架构服务，提供了高可用的安全隔离，交换架构的被迫重置仅限于单个 VSAN，以便更快地恢复。

思科校园数据中心解决方案提供了端到端的存储网络，包括思科 SN5420 存储路由器、思科 ONS 系列光纤交换机、MDS9000 系列存储交换机、SFS3000 系列服务器光纤交换机等。

思科 MDS9000 系列多层导向器和网络交换机为企业存储网络提供了无与伦比的智能性。它包含思科 MDS9500 系列多层导向器和思科 MDS9216 多层矩阵交换机，整个系列的产品能够满足各种规模和体系结构的企业存储网络要求。

思科 SFS3000 服务器光纤交换机，拥有一项创新的 InfiniBand 技术，它可以将多台服务器资源整合起来，以虚拟化的方式，实现存储资源共享。

3．华为区域教育解决方案

华为区域教育解决方案中的云教育数据中心通过统一的访问门户，为高中、初中和小学提供教育云应用。教师、学生、家长或学校管理人员登录统一访问门户以后，可以根据其权限访问相应的应用。

整个平台规划是以区域为单位，涵盖教育主管部门下的所有学校，但在实际部署中，只需要在教育主管部门部署信息平台、数据库和服务器群组即可，下属单位和学校可以通过 Web 登录的方式，直接访问顶级教育主管部门平台，实现对自身事务的管理。这样，不仅各个学校和各级教育主管部门可以实现教育信息化管理的电子化，而且也有效解决了数据的互联互通问题，教育主管部门可以随时随地查看、监控和统计下属单位和学校各方面的数据，并做出相应的决策和指导。

各个学校无须自己建设信息系统，而是通过互联网以浏览器的方式直接访问数据中心的相关应用。虽然各信息系统是统一部署，但是学校与学校之间相互隔离，互不干扰，就像在访问自己的私有信息系统一样。

业务系统包括基础资源共享平台、教务管理平台、教学管理平台、教研管理平台、C-Learning 和统一访问门户 6 部分。

4．联想网络教学平台

联想网络教学平台由网上教学支持系统、网上教务管理系统、网络课件开发系统、网上资源管理系统 4 个子系统组成，是对网上教学进行全面支持的网络教学一体化解决方案。

联想网络教学平台还支持同步视频流技术，提高了同步视频的在线课件开发工具和电子教鞭支持功能，能够很好地支持网络多媒体实时教学。在答疑系统中，采用了词语知识库与汉语自动分词技术，建构了自我扩充的知识库系统，还提供了同步讨论、网上答辩、笔记记录等一系列进行协作学习或个别学习工具，实现了教师和学生之间、学生与学生之间的充分沟通和交流，给学生自主学习和网上交互创造了条件。

此外，该教学平台还提供成绩统计与分析等多种评价服务功能，基于教育评价的理论，提供了阅卷调查式的非量化评价模式，这两方面的结合，为更加合理地评价教与学提供了基础。在网络题库系统中，提供了试题管理、自动组卷、在线联机考试、定时交卷、在线联机阅卷、考试结果查询、成绩统计与分析等全面的服务功能。

5．神州数码网络教育城域网 IP 电话解决方案

所谓 VOIP（Voice Over Internet Protocol），就是一种以 IP 电话为主，并推出相应的增值业务的技术，它通过 IP 包发送实现的话音业务，是建立在 IP 技术上的分组化、数字化传输技术，其基本原理是通过语音压缩算法对话音进行压缩编码处理，然后把这些语音数据按 IP 等相关协议进行打包，经过 IP 网络把数据包传输到目的地，再把这些语音数据包串起来，经过解码解压缩处理后，恢复成原来的语音信号，从而达到由 IP 网络传送话音的目的。

神州数码网络教育城域网 IP 电话解决方案除了可以完成路由器的广域网接入功能、本地交换网的接入，还可以通过灵活的语音模块完成 VOIP 的功能。神州数码用于中小学接入的 DCR-1700、DCR-2500V 系列路由器提供低成本的 H.323 VOIP 功能，DCR-1700能够灵活提供 E&M、FXO、FXS 等多种语音接口方便与各类 PBX 和传统语音设备的连接，DCR-2500V 内置两个 FXS IP 电话接口，可完全满足一般中小学的 IP 语音需求。

6. 华三通信中小学校园网解决方案

华三通信（H3C）的中小学数字校园网解决方案以 IP 通信平台为基础，面向网络资源的有效、高效利用，从网络架构方面提供优化方案，使校园网的各层次具有更高的可靠性和可控性，同时使网络结构和布局在结合实际业务上的分布更加合理。

双核心、双链路是校园网冗余设计的典型方案，传统采用 VRRP 技术用于双核心的主备切换、生成树协议用于消除环路。此方案在一定程度上提升了系统可靠性，但牺牲了网络 50% 的使用效率，网络配置和管理的复杂度也随之增加。

IRF2 技术通过将多台设备虚拟化为一台设备，共享资源表项，发生故障时可在毫秒级别实现数据转发路径的切换，相比 VRRP 协议缩短了收敛时间。在双链路上行时，可直接进行跨设备的链路聚合，无须配置复杂的生成树协议，链路带宽也可充分利用。

通过虚拟化进行核心、汇聚、接入设备的横向整合，虚拟化后的校园网大大简化网络管理的复杂度，校园宽带利用效率提升为原来的两倍，在出现故障时能在毫秒级别恢复，具有很强的自愈能力。提供一体化的无线校园网络、一体化的设备、一体化的管理、一体化的安全、一体化的业务对于学校是必要的。

第8章

大数据与人工智能

人工智能算法、万物互联、超强计算推动云计算发生质变,进入以 ABC（AI、Big Data、Cloud Computing）融合为标志的 Cloud 2.0 时代。本章介绍另外两个热门领域：大数据与人工智能,以及云计算和它们之间的关系。

8.1 初识大数据

8.1.1 大数据的发展背景

半个世纪以来,随着计算机技术全面融入社会生活,信息爆炸已经积累到了一个开始引发变革的程度,它不仅使世界充斥着比以往更多的信息,而且其增长速度也在加快。互联网（社交、搜索、电商）、移动互联网（微博）、物联网（传感器、智慧地球）、车联网、GPS、医学影像、安全监控、金融（银行、股市、保险）、电信（通话、短信）都在不断地产生新数据。

根据计算,2006 年,个人用户才刚刚迈进 TB 时代,全球一共新产生了约 180EB 的数据；到 2011 年,这个数字就达到了 1.8ZB；而预计到 2020 年,整个世界的数据总量将会增长到 35.2ZB（1ZB=10 亿 TB）。最近两年产生的信息量是之前 30 年的总和,最近 10 年则远超人类之前所有累计信息量之和。

Data Never Sleeps 项目已经发布了第 5 个版本,它揭示了这个世界上的诸多信息服务每分钟能够产生多大的数据量如图 8-1 所示。

从 2008 年开始,Nature 和 Science 等国际顶级学术刊物相继出版专刊来探讨对大数据的研究。2008 年 Nature 出版专刊 "Big Data",从互联网技术、网络经济学、超级计算、环境科学、生物医药等多个方面介绍了海量数据带来的挑战。2011 年,推出关于数据处理的专刊 "Dealing with data",讨论了数据洪流（Data Deluge）所带来的挑战,其中特别指出,倘若能够更有效地组织和利用这些数据,人们将能更好地发挥科学技术对社会发展的巨大推动作用。2012 年 4 月,欧洲信息学与数学研究协会会刊 ERCIM News 出版了专刊 "Big Data",讨论了大数据时代的数据管理、数据密集型研究的创新技术等问题,并介绍了欧洲科研机构开展的研究活动和取得的创新性进展。2012 年 3 月,美国公布了"大数据研发计划"。该计划旨在提高和改进研究人员从海量和复杂的数据中获取知识的能力，进而加速美国在科学与工程领域前进的步伐。该计划还强调，大数据技术事关美国国家安全、科学和研究的步伐，将引发新一轮教育和学习的变革。

图 8-1　Data Never Sleeps 项目

在这样的大背景下，我国于 2012 年 5 月在香山科学会议上组织了以 "大数据科学与工程——一门新兴的交叉学科？" 为主题的学术讨论会，来自国内外横跨 IT、经济、管理、社会、生物等多个不同学科领域的专家代表参会，并就大数据的理论与工程技术研究、应用方向以及大数据研究的组织方式与资源支持形式等重要问题进行了深入讨论。2012 年，国家重点基础研究发展计划（973 计划）专家顾问组在前期项目部署的基础上，将大数据基础研究列为信息科学领域 4 个战略研究主题之一。2014 年，科技部基础研究司在北京组织召开 "大数据科学问题" 研讨会，围绕 973 计划对大数据研究布局、中国大数据发展战略、国外大数据研究框架与重点、大数据研究关键科学问题、重要研究内容和组织实施路线图等重大议题展开研讨。

2015 年 8 月，国务院发布《促进大数据发展行动纲要》（以下简称《纲要》），这是指导中国大数据发展的国家顶层设计和总体部署。《纲要》明确指出了大数据的重要意义，大数据成为推动经济转型发展的新动力、重塑国家竞争优势的新机遇，以及提升政府治理能力的新途径。《纲要》的出台，进一步凸显大数据在提升政府治理能力、推动经济转型升级中的关键作用。"数据兴国" 和 "数据治国" 已上升为国家战略，将成为我国今后相当长时期的国策。未来，大数据将在稳增长、促改革、调结构、惠民生中发挥越来越重要的作用。

2016 年，我国正式发布《关于组织实施促进大数据发展重大工程的通知》（以下简称《通知》）。《通知》称，将重点支持大数据示范应用、共享开放、基础设施统筹发展，以及数据要素流通。《通知》提到的关键词还包括大数据开放计划、大数据全民创新竞赛、公共数据共享开放平台体系、绿色数据中心和大数据交易等。

数据量的爆炸式增长不仅改变了人们的生活方式、企业的运营模式及国家的整体战略，也改变了科学研究的基本范式。

图灵奖得主、关系型数据库的鼻祖吉姆·格雷（Jim Gray）在 2007 年加州山景城召开的 NRC-CSTB 大会上，发表了留给世人的最后一次演讲 "The Fourth Paradigm: Data-Intensive Scientific Discovery"，提出科学研究的第四类范式。其中的"数据密集型"就是现在我们所称的"大数据"。吉姆总结出科学研究的范式共有以下 4 个。

（1）几千年前，是经验科学，主要用来描述自然现象。

（2）几百年前，是理论科学，使用模型或归纳法进行科学研究。

（3）几十年前，是计算科学，主要模拟复杂的现象。

（4）今天，是数据科学，统一于理论、实验和模拟，它的主要特征是数据依靠信息设备收集或模拟产生，依靠软件处理，通过计算机进行存储，使用专用的数据管理和统计软件进行分析。

随着数据的爆炸性增长，计算机将不仅能做模拟仿真，还能进行分析总结，得出理论。数据密集范式理应从第（3）范式中分离出来，成为一个独特的科学研究范式。也就是说，过去由牛顿、爱因斯坦等科学家从事的工作，未来完全可以交由计算机来做。这种科学研究的方式，被称为第四范式：数据密集型科学。数据密集型科学由传统的假设驱动向基于科学数据进行探索的科学方法转变。传统的科学研究是先提出可能的理论，然后搜集数据，最后通过计算来验证。而基于大数据的第四范式，则是先有了大量的已知数据，然后通过计算得出之前未知的理论。

大数据时代最重大的转变，就是放弃对因果关系的渴求，取而代之的是关注相关关系。也就是说，只要知道"是什么"，而不需要知道"为什么"。这就颠覆了千百年来人类的思维惯例，也对人类的认知和与世界交流的方式提出了全新的挑战。因为人类总是会思考事物之间的因果联系，而对基于数据的相关性并不是那么敏感；相反，计算机则几乎无法自己理解因果，而对相关性分析极为擅长。这样我们就能理解了，第（3）范式是"人脑 + 计算机（电脑）"，人脑是主角；而第（4）范式是"计算机（电脑）+ 人脑"，计算机（电脑）是主角。这进而引发了新一代人工智能技术的研究热潮。

8.1.2 大数据的定义

与很多新鲜事物一样，目前，业界对大数据还没有一个公认的完整定义。典型的代表性定义如下。

麦肯锡研究院将大数据定义为：所涉及的数据集规模已经超过了传统数据库软件获取、存储、管理和分析的能力。

维基百科给出的大数据定义为：数据量规模巨大到无法通过人工在合理时间内达到截取、管理、处理并整理成为人类所能解读的信息。

IBM 则用 4 个特征相结合来定义大数据：数量（Volume）、种类多样（Variety）、速度（Velocity）和真实（Veracity），简称 4V。

国际数据公司（International Data Corporation，IDC）也提出了 4 个特征来定义大数据，但与 IBM 的定义不同的是，它将第四个特征由真实（Veracity）替换为价值（Value）。

上述定义都有一定的道理，特别是 4V 定义，非常方便记忆，目前已经被越来越多的人接受。图 8-2 所示就是一种大数据的 4V 定义，但很多时候它也会带来一些误解。例如，大数据最明显的特征是体量大，但仅仅是大量的数据并不一定是大数据。

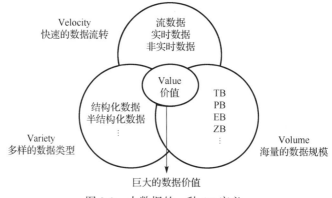

图 8-2　大数据的一种 4V 定义

大数据中的"大"究竟指什么？其实，可以通过分析它的英文名称来帮助理解。英语课里常见的表示大的单词有两个：Large 和 Big，它们都是大的意思。那为什么大数据使用"Big Data"而不是"Large Data"呢？而且，在大数据的概念被提出之前，有很多关于大量数据方面的研究，如果你去看，会发现这些研究领域里面的很多文献中，往往采用 Large 或者 Vast（海量）这样的英文单词，而不是 Big。例如，数据库领域著名的国际会议 VLDB（Very Large Data Bases），用的就是 Large。

那么，Big、Large 和 Vast 这三者之间到底有些什么差别呢？Large 和 Vast 比较容易理解，主要体现为程度上的差别，后者可以看成是 Very Large 的意思。而 Big 和它们的区别在于，Big 更强调的是相对大小的大，是抽象意义上的大，而 Large 和 Vast 常常用于形容体量的大小。比如，Large Table 常常表示一张尺寸非常大的桌子，而 Big Table 则表示这不是一张小的桌子，至于尺寸是否真的很大倒不一定，这种说法就是要强调相对很大，是一种抽象的说法。

因此，如果仔细推敲 Big Data 的说法，就会发现这种提法还是非常准确的，它传递出来的最重要信息就是大数据是一种抽象的大。这是一种思维方式上的转变。现在的数据量比过去"大"了很多，量变带来质变，思维方式、方法论都应该与以往不同。

所以，前面关于大数据的一个常见定义就显得很有道理了："Big Data is data that is too large, complex and dynamic for any conventional data tools to capture, store, manage and analyze."从这个定义可以看出，这里的"大"是一个相对概念，是相对于传统数据工具无法捕获、存储、管理和分析的数据量而言。再例如，在有大数据之前，计算机并不能很好地解决人工智能中的诸多问题，但如果我们换个思路，利用大数据，某些领域的难题（例如围棋）就可以得到突破性的解决，其核心问题最终都变成了数据问题。

大数据的关键与本质特征，可总结为如下 4 点。

多维度：特征维度多。

完备性：全面性，全局数据。

关联性：数据间的关联性。

不确定性：数据的真实性难以确定，噪声干扰严重。

（1）多维度。数据的多维度往往代表一个事物的多种属性，很多时候也代表人们看待一个事物的不同角度，这是大数据的本质特征之一。

例如，百度曾经发布过一个有趣的统计结果：中国十大"吃货"省市排行榜。百度在没有做任何问卷调查和深入研究的情况下，只是从"百度知道"的 7700 万条与吃有关的问题中，挖掘出一些结论，反而比很多的学术研究更能反映问题。百度了解的数据维度很多，不仅涉及食物的做法、吃法、成分、营养价值、价格、问题来源地、时间等显性维度，而且还藏着很多别人不太注意的隐含信息，例如，提问或回答者的终端设备、浏览器类型等。虽然这些信息看上去"杂乱无章"，但实际上正是这些杂乱无章的数据将原本看似无关的维度联系起来了。经过对这些信息的挖掘、加工和整理，就能得到很有意义的统计规律。而且，从这些信息中能够挖掘出的信息，远比想象中要多。

（2）完备性。大数据的完备性，或者说全面性，代表了大数据的另外一个本质特征，而且在很多问题场景下是非常有效的。例如，Google 的机器翻译系统就是利用了大数据的完备性。它通过数据学到了不同语言之间长句子成分的对应，然后直接把一种语言翻译成另一种语言。前提条件就是使用的数据必须比较全面地覆盖中文、英文，以及其他各种语言的所有句子，然后通过机器学习，获得两种语言之间各种说法的翻译方法，也就是说具备两种语言之间翻译的完备性。目前，Google 是互联网数据的最大拥有者，随着人类活动与互联网的密不可分，Google 所能积累的大数据将会越来越完备，它的机器翻译系统也会越来越准确。

通常，数据的完备性往往难以获得，但是在大数据时代，至少在获得局部数据的完备性上，还是越来越有可能的。利用局部完备性，也可以有效地解决不少问题。

（3）关联性。大数据研究不同于传统的逻辑推理研究，它是对数量巨大的数据做统计性的搜索、比较、聚类、分类等分析归纳，因此继承了统计科学的一些特点。统计学关注数据的关联性或相关性，"关联性"是指两个或两个以上变量的取值之间存在某种规律性。"相关分析"的目的则是找出数据集里隐藏的相互关系网，一般用支持度、可信度、兴趣度等参数反映相关性。两个数据 A 和 B 有相关性，只能反映 A 和 B 在取值时相互有影响，并不是一定存在有 A 就一定有 B，或者反过来有 B 就一定有 A 的情况。严格地讲，统计学无法检验逻辑上的因果关系。例如，根据统计结果：可以说"吸烟的人群肺癌发病率会比不吸烟的人群高几倍"，但统计结果无法得出"吸烟致癌"的逻辑结论。统计学的相关性有时可能会产生把结果当成原因的错觉。例如，统计结果表明，下雨之前常见到燕子低飞，从时间先后看两者的关系可能得出燕子低飞是下雨的原因，而事实上，将要下雨才是燕子低飞的原因。

在大数据时代，数据之间的相关性在某种程度上取代了原来的因果关系，让我们可以在不知道原因的情况下，从大量的数据中直接找到答案，这就是大数据的本质特征之一。

（4）不确定性。大数据的不确定性的最根本原因是我们所处的这个世界是不确定的，当然也有技术的不成熟、人为的失误等因素。总之，大数据往往不准确并充满噪声。即便如此，由于大数据具有体量大、维度多、关联性强等特征，使大数据相对于传统数据有着很大的优势，使我们能够用不确定的眼光看待世界，再用信息来消除这种不确定性。当然，提高大数据的质量，消除大数据的噪声是开发和利用大数据的一个永恒话题。

大数据的其他一些特征，主要包括以下 8 点。

（1）体量大：4V 中的数量（Volume）。

（2）类型多：结构化、半结构化和非结构化。

（3）来源广：数据来源广泛。

（4）及时性：4V 中的真实（Velocity）；

（5）积累久：长期积累与存储；

（6）在线性：随时能调用和计算；

（7）价值密度低：大量数据中真正有价值的少；

（8）最终价值大：最终带来的价值大。

8.1.3 大数据的技术

大数据的技术发展非常快，目前已经形成了一个围绕 Hadoop 和 Spark 的巨大生态群。

从 2006 年开始，Hadoop 已经有十多年的发展历史。"Hadoop 之父"道格·卡廷（Doug Cutting）主导的 Apache Nutch 项目是 Hadoop 软件的源头。该项目始于 2002 年，直到 2006 年，Hadoop 才逐渐形成一套完整而独立的软件。图 8-3 展示了 Hadoop 的发展历程。

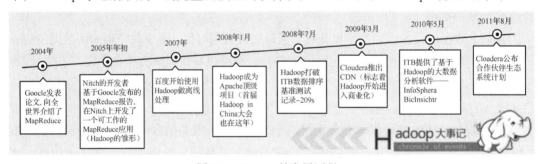

图 8-3 Hadoop 的发展历程

随着 Hadoop 及 Spark 技术的快速发展，大数据的基本技术路线已经开始清晰起来。围绕 Hadoop/Spark 构建整个面向大数据全生命周期的技术生态也逐渐完善。

总而言之，大数据技术有如下 5 点趋势。

Hadoop、Spark 这类分布式处理系统已经成为大数据处理各环节的通用处理方法，并进一步构成生态圈。

结构化大数据与非结构化大数据处理平台将逐渐融合与统一，用户不必为每类数据单独构建大数据平台。

MapReduce 将逐渐被 Spark 这类高性能内存计算模式取代，同时 Hadoop 的 HDFS 将继续向前发展，并将成为大数据存储的标准。

传统的 SQL 技术将在大数据时代继续发扬光大，在 SQL on Hadoop/Spark 的技术支持下，SQL 将成为大数据时代的"霸主"，同时，NoSQL 会起到辅助和补充作用。

以 SQL、Hadoop/Spark 为核心的大数据系统成为新一代数据仓库的关键技术，将挑战传统数据库市场，并将逐步代替传统的数据仓库。

　　目前，大数据技术架构已经基本成型，未来大数据计算和大数据分析技术将会是大数据技术发展的重中之重。计算模式的出现有力地推动了大数据技术和应用的发展，使其成为目前大数据处理最成功、最广为接受的主流技术之一。然而，现实世界中的大数据处理问题复杂多样，难以有一种单一的计算模式能涵盖所有大数据计算需求。在研究和实际应用中可以发现，由于 MapReduce 主要适合于进行大数据线下批处理，在面向低延迟和具有复杂数据关系和复杂计算的大数据问题时，有很大的不适应性。因此，近年来学术界和业界在不断研究并推出多种不同的大数据计算模式。

　　大数据技术发展至今已经出现了多项新技术，图 8-4 基本涵盖了主要的新技术，这些技术可分为 5 层。

ETL 数据装载工具	Workflow 工作流开发工具	数据质量管理工具	可视化报表工具	机器学习建模工具	统计挖掘开发工具	资源管理工具	分析管理工具层
SQL批处理 Batch Processing	交互式分析 OLAP Analysis	实时数据库 OLAP Transactional Processing	数据挖掘机器学习算法库/框架 Machine Learning	深度学习 Deep Learning	图分析引擎 Graph Analysis	流处理引擎 Streaming Processing	应用级引擎层
批处理框架 Map Reduce2, Tez		高性能理框架 Spark			向量处理框架 TensorFlow		通用计算引擎层
短时任务资源管理框架 YARN		长时任务资源管理框架 Mesos			资源隔离/调度/管理框架 Kubemetes		资源管理框架层
分布式文件系统 HDFS	分布式大表 HBase	搜索引擎 Elastic Search	分布式缓存 Redis	消息队列 Kafka	分布式协作服务 Zookeeper		分布式存储引擎层

图 8-4　大数据软件栈

　　分布式存储引擎层：主要包括分布式文件系统、分布式大表、搜索引擎、分布式缓存、消息队列和分布式协作服务。

　　资源管理框架层：短时任务资源管理框架、长时任务资源管理框架和资源隔离/调度/管理框架三者之间存在类似于演变的关系，短时任务资源管理框架和长时任务资源管理框架都借鉴了 Google 的 Borg 和 Omega，未来基于容器技术的资源管理框架资源隔离/调度/管理框架将有可能取代前两者。

　　通用计算引擎层：MapReduce 和 Tez 技术将逐渐退出舞台，Spark 将成为主流的通用计算引擎，目前一些主流企业的引擎已经全面采用 Spark 技术。

　　应用级引擎层：SQL 批处理、交互式分析、实时数据库、数据挖掘和机器学习算法库/框架、深度学习、图分析引擎、流处理引擎。其中，SQL 批处理是当前成熟度最高的引擎，具备逐渐取代传统关系型数据库的潜力。各公司都有性能好的产品，如 Cloudera Impala、Transwarp Inceptor。

　　分析管理工具层：主要包括 ETL 数据装载工具、Workflow 工作流开发工具、数据质量管理工具、可视化报表工具、机器学习建模工具、统计挖掘开发工具和资源管理工具。

这 5 层构成了如今的大数据技术软件栈。与前几年相比，分布式存储引擎层、资源管理框架层和通用计算引擎层逐渐趋于稳定，而应用级引擎层和分析管理工具层正处于蓬勃发展的阶段，不断有大量的新引擎出现。

如今，大数据已经围绕 Hadoop 和 Spark 技术形成了一个巨大的生态圈，开源软件已经成为构建新一代信息化系统的基石。

8.2 初识人工智能

8.2.1 人工智能的历史及概念

人工智能始于 20 世纪 50 年代，至今大致可以分为三个发展阶段。第一阶段（20 世纪 50—80 年代）：在这一阶段人工智能刚诞生，基于抽象数学推理的可编程数字计算机已经出现，符号主义（Symbolism）快速发展，但由于很多事物不能形式化表达，导致建立的模型存在一定的局限性。此外，随着计算任务的复杂性不断增大，人工智能发展一度遇到瓶颈。第二阶段（20 世纪 80—90 年代末）：在这一阶段，专家系统得到快速发展，数学模型有重大突破，但由于专家系统在知识获取、推理能力等方面的不足，以及开发成本高等原因，导致人工智能的发展又一次进入低谷期。第三阶段（21 世纪初至今）：随着大数据的积聚、理论算法的革新、计算能力的提升，人工智能在很多应用领域都取得了突破性进展，迎来了又一个繁荣时期。人工智能的具体发展历程如图 8-5 所示。

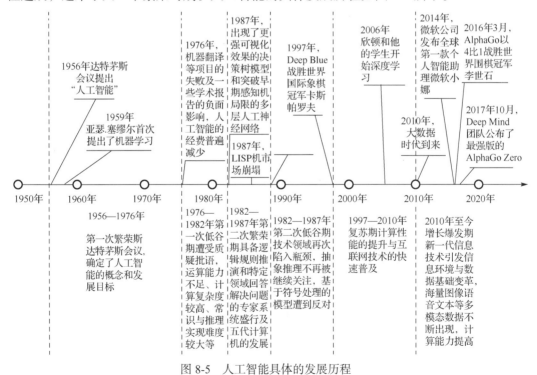

图 8-5 人工智能具体的发展历程

长期以来，制造具有智能的机器一直是人类的梦想。早在 1950 年，图灵在《计算机器与智能》中就阐述了对人工智能的思考。他提出的图灵测试是机器智能的重要测量手段，后来还衍生出了视觉图灵测试等测量方法。1956 年，"人工智能"这个词首次出现在达特茅斯会议上，标志着其作为一个研究领域的正式诞生。60 多年来，人工智能发展潮起潮落，其基本思想可大致划分为四个流派：符号主义（Symbolism）、连接主义（Connectionism）、行为主义（Behaviourism）和统计主义（Statisticsism）。这四个流派从不同侧面抓住了人工智能的部分特征，在"制造"人工智能方面都取得了里程碑式的成就。

　　1959 年，亚瑟·塞缪尔（Arthur Samuel）首次提出了机器学习。机器学习将传统的制造智能演化为通过学习能力来获取智能，推动人工智能进入了第一次繁荣期。20 世纪70 年代末期专家系统的出现，实现了人工智能从理论研究走向实际应用，从一般思维规律探索走向专门知识应用的重大突破，将人工智能的研究推向了新高潮。然而，机器学习的模型仍然是"人工"的，存在很大的局限性。随着专家系统应用的不断深入，专家系统自身存在的知识获取难、知识领域窄、推理能力弱、实用性差等问题逐步暴露。从 1976年开始，人工智能的研究进入长达 6 年的低谷期。

　　20 世纪 80 年代中期，随着美国、日本等国立项支持人工智能研究，以及以知识工程为主导的机器学习方法的发展，具有更强可视化效果的决策树模型和突破早期感知机局限的多层人工神经网络的出现，人工智能又一次进入繁荣期。然而，当时的计算机难以模拟复杂度高及规模大的神经网络，依然存在一定的局限性。1987 年，由于 LISP 机市场崩塌，美国取消了人工智能预算，日本第五代计算机项目失败并退出市场，专家系统进展缓慢，人工智能又进入了低谷期。

　　1997 年，IBM 开发的深蓝（Deep Blue）计算机战胜国际象棋世界冠军卡斯帕罗夫。这是一次具有里程碑意义的成功，它代表了基于规则的人工智能的胜利。2006 年，在欣顿（Hinton）和他的学生的推动下，深度学习开始备受关注，对后来人工智能的发展产生了重大影响。从 2010 年开始，人工智能进入爆发式的发展阶段，大数据时代的到来，运算能力及机器学习算法方面的提高是其最主要的驱动力。人工智能快速发展，产业界也开始不断涌现出新的研发成果：2011 年，BM Waston 在综艺节目《危险边缘》中战胜了最高奖金得主和连胜纪录保持者；2012 年，Google 大脑通过模仿人类大脑在没有人类指导的情况下，利用非监督深度学习方法从大量视频中成功学习到识别一只猫；2014 年，微软公司推出了一款实时口译系统，可以模仿说话者的声音并保留其口音；同年，微软公司发布了全球第一款个人智能助理微软小娜，Amazon 发布了至今为止最成功的智能音箱产品 Echo 和个人助手 Alexa；2016 年，GoogleAlphaGo 机器人在围棋比赛中击败了世界冠军李世石；2017 年，苹果公司在原来个人助理 Siri 的基础上推出了智能私人助理 Siri 和智能音响 HomePod。

　　目前，世界各国都开始重视人工智能的发展。2016 年 5 月，美国发表了《为人工智能的未来做好准备》的人工智能发展报告；同年，英国启动对人工智能的研究，并发布《人工智能：未来决策制定的机遇和影响》报告；法国在 2017 年 4 月制定了《国家人工智能战略》报告；德国在 2017 年 5 月颁布全国第一部有关自动驾驶的法律；在我国，据不完全统计，2017年运营的人工智能公司接近400家，行业巨头百度、腾讯、阿里巴巴等都在人工智能领域不断发力。从数量、投资等角度来看，自然语言处理、机器人、计算机视觉成为人工智能最热门的三个产业方向。

人工智能作为一门前沿交叉学科，关于如何对其定义一直存有不同的观点，目前主流的观点有以下四种。《人工智能——一种现代方法》中将人工智能已有的一些定义分为4类，分别是像人一样思考的系统、像人一样行动的系统、理性地思考的系统、理性地行动的系统。维基百科上定义"人工智能就是机器展现出的智能"，即只要是某种机器，具有某种或某些"智能"的特征或表现，都应该算作"人工智能"。大英百科全书则限定人工智能是数字计算机或者数字计算机控制的机器人在执行智能生物体才有的一些任务上的能力。百度百科则从研究范畴定义人工智能是"研究、开发用于模拟、延伸和扩展人的智能的理论、方法、技术及应用系统的一门新的技术科学"，将其视为计算机科学的一个分支，并指出其研究方向包括机器人、语音识别、图像识别、自然语言处理和专家系统等。

总结以上几种观点，可以认为：人工智能是利用数字计算机或者数字计算机控制的机器模拟、延伸和扩展人的智能，感知环境、获取知识并使用知识获得最佳结果的理论、方法、技术及应用系统。

人工智能的定义对人工智能学科的基本思想和内容做出了解释，即围绕智能活动而构造的人工系统。人工智能是知识的工程，是机器模仿人类利用知识完成一定行为的过程。根据人工智能是否能真正实现推理、思考和解决问题，可以将人工智能分为弱人工智能和强人工智能。

弱人工智能是指不能真正实现推理和解决问题的智能机器，这些机器表面看是智能的，但是并不真正拥有智能，也不会有自主意识。迄今为止的人工智能系统都还是实现特定功能的专用智能，而不是像人类智能那样能够不断适应复杂的新环境并不断涌现出新的功能，因此都还是弱人工智能。目前的主流研究仍然集中于弱人工智能，并取得了显著进步，如在语音识别、图像处理和物体分割、机器翻译等方面。

强人工智能是指真正能思维的智能机器，并且认为这样的机器是有知觉的和自我意识的，这类机器可分为类人（机器的思考和推理类似人的思维）与非类人（机器产生了和人完全不一样的知觉和意识，使用和人完全不一样的推理方式）两大类。从一般意义来说，达到人类水平的、能够自适应地应对外界环境挑战的、具有自我意识的人工智能称为"通用人工智能""强人工智能"或"类人智能"。强人工智能不仅在哲学上存在巨大争议，在技术上也具有极大的挑战性。目前"强人工智能"进展缓慢，美国私营部门的专家及国家科技委员会认为未来几十年内难以实现。

仅依靠符号主义、连接主义、行为主义和统计主义这四个流派的经典路线就能设计制造出强人工智能吗？其中一个主流看法是：即使有更高性能的计算平台和更大规模的大数据助力，也还只是量变，不是没有发生质变，而是人类对自身智能的认识还依然处在初级阶段，人类在没有真正理解智能机理之前，不可能制造出强人工智能。理解大脑产生智能的机理是脑科学研究的终极性问题，绝大多数脑科学专家都认为这是一个数百年乃至数千年甚至永远都解决不了的问题。

还有一条"新"路线可以通向强人工智能，称为"仿真主义"。这条新路线是先通过制造先进的大脑探测工具从结构上解析大脑，再利用工程技术手段构造出模仿大脑神经网络基元及结构的仿脑装置，最后通过环境刺激和交互训练仿真大脑实现类人智能。简言之，就是"先结构，后功能"。虽然这项工程也十分困难，但是涉及的工程技术问题有可能在数十年内解决，不像"理解大脑"这个科学问题那样遥不可及。

仿真主义可以说是继符号主义、连接主义、行为主义和统计主义四个流派之后的第五个流派，它不仅和前四个流派联系紧密，更是前四个流派通向强人工智能的关键一环。经典计算机通过数理逻辑的开关电路实现，可以作为逻辑推理等专用智能的实现载体，但强人工智能仅靠经典计算机不可能实现。如果要按仿真主义的路线"仿脑"，就必须设计制造全新的软硬件系统，也就是"类脑计算机"，或者更准确地称为"仿脑机"。"仿脑机"是"仿真工程"的标志性成果，也是"仿脑工程"通向强人工智能之路的重要里程碑。

8.2.2 人工智能的特征与参考框架

1. 人工智能的特征

人工智能的特征主要包括以下三点。

（1）由人类设计，为人类服务，本质为计算，基础为数据。从根本上说，人工智能系统必须以人为本。这些系统是人类设计出的机器，应该按照人类设定的程序逻辑或软件算法通过人类发明的芯片等硬件载体来运行或工作。通过对数据的采集、加工、处理、分析和挖掘，形成有价值的信息流和知识模型，为人类提供延伸人类能力的服务，以此实现对人类期望的一些"智能行为"的模拟。在理想情况下，人工智能系统必须体现服务人类的特点，而不应该伤害人类，特别是不应该有目的地做出伤害人类的行为。

（2）能感知环境，能产生反应，能与人交互，能与人互补。人工智能系统应能借助传感器等器件具备对外界环境（包括人类）进行感知的能力，可以像人一样通过视觉、听觉、嗅觉、触觉等接收来自环境的各种信息，并且能够对外界输入产生文字、语音、表情、动作（控制执行机构）等各种类型的反应。借助按钮、键盘、鼠标、屏幕、手势、体态、表情、力的反馈、虚拟现实/增强现实等方式，人与机器间可以互动，使机器设备能够越来越"理解"人类乃至与人类共同协作、优势互补。如此一来，人工智能系统就能够帮助人类做人类不擅长、不喜欢但机器能够完成的工作，而人类则适合做更需要创造性、洞察力、想象力、灵活性、多变性乃至用心领悟或需要感情的一些工作。

（3）有适应特性，有学习能力，有演化迭代，有连接扩展。在理想情况下，人工智能系统应具有一定的自适应特性和学习能力，即具有一定的随环境、数据或任务变化而自适应调节参数或更新优化模型的能力。并且，能够在此基础上通过与云、端、人、物越来越广泛深入的数字化连接与扩展，实现机器客体乃至人类主体的演化迭代，使系统具有适应性、稳健性、灵活性、扩展性，可以应对不断变化的现实环境，从而使人工智能系统在各行各业产生丰富的应用。

2．人工智能参考框架

目前，基于人工智能的发展状况和应用特征，从人工智能信息流动的角度出发，可以提出一种人工智能参考框架（见图 8-6），该参考框架力图搭建较为完整的人工智能主体框架，描述人工智能系统总体工作流程，不受具体应用所限，适用于通用的人工智能领域需求。

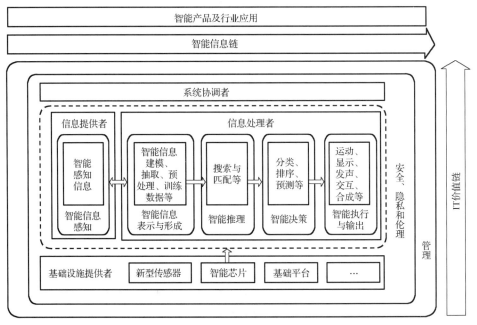

图 8-6　人工智能参考框架图

人工智能参考框架提供了基于"角色—活动—功能"的层级分类体系，从"智能信息链"（水平轴）和"IT 价值链"（垂直轴）两个维度阐述了人工智能系统框架。"智能信息链"反映了从智能信息感知、智能信息表示与形成、智能推理、智能决策，最后到智能执行与输出的一般过程。在这个过程中，智能信息是流动的载体，经历了"数据—信息—知识—智慧"的凝练过程。"IT 价值链"反映的是从人工智能的底层基础设施、信息（提供和处理技术实现）到系统的产业生态过程，体现了人工智能为信息技术产业带来的价值。人工智能系统主要由基础设施提供者、信息提供者、信息处理者和系统协调者四个角色组成。此外，人工智能系统还有其他非常重要的框架构件：安全、隐私、伦理和管理。

（1）基础设施提供者。基础设施提供者为人工智能系统提供计算能力支持，实现与外部世界的沟通，并通过基础平台实现支撑。计算能力由智能芯片（CPU、GPU、ASIC、FPGA 等硬件加速芯片以及其他智能芯片）等硬件系统开发商提供；与外部世界的沟通通过新型传感器制造商提供；基础平台包括分布式计算框架提供商及网络提供商提供平台保障和支持，即包括云存储和计算、互联互通网络等。

（2）信息提供者。在人工智能领域，信息提供者是智能信息的来源。通过知识信息感知过程由数据提供商提供智能感知信息，包括原始数据资源和数据集。原始数据资源的感知涉及图形、图像、语音、文本的识别，还涉及传统设备的物联网数据，包括已有系统的业务数据以及力、位移、液位、温度、湿度等感知数据。

（3）信息处理者。人工智能领域中，信息处理者是指技术和服务提供商。信息处理者的主要活动包括智能信息表示与形成、智能推理、智能决策及智能执行与输出。智能信息处理者通常是算法工程师及技术服务提供商，通过计算框架、模型及通用技术（例如，一些深度学习框架和机器学习算法模型等功能）进行支撑。

智能信息的表示与形成是指为描述外围世界所做的一组约定，分阶段对智能信息进行符号化和形式化的智能信息建模、抽取、预处理和训练数据等。

智能信息推理是指在计算机或智能系统中，模拟人类的智能推理方式，依据推理控制策略，利用形式化的信息进行机器思维和求解问题的过程，搜索与匹配是其典型功能。

智能信息决策是指智能信息经过推理后进行决策的过程，通常提供分类、排序、预测等功能。

智能执行与输出作为智能信息输出的环节，是对输入做出的响应，输出整个智能信息流动过程的结果，包括运动、显示、发声、交互、合成等功能。

（4）系统协调者。系统协调者提供人工智能系统必须满足的整体要求，包括政策、法律、资源和业务需求，以及为确保系统符合这些需求而进行的监控和审计活动。由于人工智能是多学科交叉领域，需要系统协调者定义和整合所需的应用活动，使其在人工智能领域的垂直系统中正常运行。系统协调者的功能之一是配置和管理人工智能参考框架中的其他角色来执行一个或多个功能，并维持人工智能系统的正常运行。

（5）安全、隐私和伦理。安全、隐私和伦理覆盖了人工智能领域的其他四个主要角色，对每个角色都有重要的影响。同时，安全、隐私和伦理处于管理角色的覆盖范围之内，与全部角色和活动都建立了联系。在安全、隐私和伦理模块，需要通过不同的安全措施和技术手段，构筑全方位、立体的安全防护体系，保护人工智能领域参与者的安全和隐私。

（6）管理。管理角色承担系统管理活动，包括软件调配、资源管理等工作，管理的功能是监视各种资源的运行状况，应对出现的性能或故障事件，使各系统组件透明且可观。

（7）智能产品及行业应用。智能产品及行业应用指人工智能系统的产品和应用，是对人工智能整体解决方案的封装，将智能信息决策产品化，进而实现落地应用。主要的应用领域包括：智能制造、智能交通、智能家居、智能医疗和智能安防等。

8.2.3 人工智能的发展趋势

人工智能从早期的逻辑推理阶段，到专家系统/归纳学习，到机器学习阶段，再到现在的深度学习阶段，每个阶段都有技术突破，也创造过一系列泡沫。例如，在 2000 年左右第一轮互联网泡沫期，研究人员希望用 AI 让机器能够理解互联网，由此催生 Semantic Web，目标是让机器能够自己理解信息并且实现机器间的自由沟通。随着 VR 技术的发展，又出现了一批 AI 驱动的虚拟人/虚拟助理，可以与人自由交谈，当时异常火爆的 Second Life 是这个阶段的典型代表。很多影视作品也从不同层面反映人工智能。例如，《黑客帝国》把机器智能想象到了极致，人完全沦为机器产生能源的电池，世界全部是由计算机创造和控制的；《人工智能》和《我，机器人》则赋予了机器人感情，并因此引发新的革命。但是过去每一次技术进步并没有带来人们想象中的应用突破，原因是算法缺乏突破，更重要的原因是计算力不足和数据有限。人工智能技术的发展历程如图 8-7 所示。

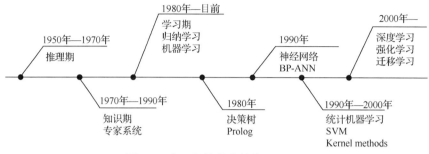

图 8-7　人工智能技术的发展历程

从 2006 年开始，大数据技术得到迅猛发展，从早期的分布式存储和计算系统（HDFS/Map Reduce，2006—2009 年），到 SQL on Hadoop（2010—2014 年是焦点阶段）技术的逐渐成熟，已经解决了大规模数据的存储和统计问题。当大数据技术发展到 2015 年时，业界关注的焦点逐渐转向了机器学习，研究人员希望能够利用分布式计算能力来解决机器学习算法，尤其是神经网络算法，使之能够完成高密集的迭代计算，从而提高算法精度。从 2015 年开始，许多机器学习公司开始提供分布式机器学习的产品或服务。然而由于侧重点不同，计算框架也产生了分歧，Spark 擅长统计机器学习，而 Google 开源的单机版 TensorFlow 则擅长深度学习。同时，深度学习算法上的突破，使过去多个相隔甚远的应用领域，包括计算机视觉、自然语言处理、语音交互、传统机器学习、机器人等，都能统一采用一类深度学习算法，并且能高效地得到处理，处理成果也轻易超过过去各自领域积累多年的算法。现在开源的人脸识别算法可以达到 98% 的精度；使用深度学习算法，可以比较容易地在 ImageNet 的竞赛中得到前几名，这充分表明深度学习算法已经成熟。表 8-1 展示了人工智能技术在不同领域中的应用情况。

表 8-1　人工智能技术在不同领域中的应用情况

技术类别	场景描述	应用领域
视频图像识别	人脸识别、车牌识别、动作识别等	主要用于安防和安保
	发票识别、财务报表识别等	主要用于影像数据结构化
	医疗影像分析	辅诊诊断
自然语言理解	感情分析、智能投研	预测性分析、风险分析
	聊天机器人、智能客服	自动化部分简单的客服应答
	文本数据结构化	自动化校对，减少人工审核
语音处理	机器翻译	……
	语言—文本转换	呼叫中心客户问题分析
机器学习和深度学习	精准营销	精准广，交叉销售
	AI+CRM 客户全生命周期管理	提升客户体验，留住高净值客户，获取新客户
	市场/需求预测	预测销量、库存等
	反欺诈/实时风险分析	交易风险、经营风险分析
	智能投顾	根据宏观经济指标、各类事件信息做出预测
	智能运维、故障预测	根据设备/软件状态，预测故障发生
	监管审计	经营风险分析
机器人	自动驾驶、无人机	

深度学习算法的特性，要求具有强大的计算能力和大量的样本数据，这两个特性也是深度学习算法得到广泛应用的两大阻力。在计算能力方面，解决计算能力的方案之一是采用分布式计算，由此诞生了十多种深度学习的计算框架，如 TensorFlow、Caffe、MxNet 等；方案之二，一些公司设计了专门的硬件，如 Google TPU，国内的地平线、深鉴科技、寒武纪等，有的公司将深度学习算法写到 FPGA 中，还有的公司设计带特定指令集的处理器，来加速深度学习算法的运行。在样本数据方面，为了提高算法的精度，还需要大量的标注数据，因此，很多人工智能创业公司都雇佣或外包上百人的团队进行数据标注处理。对于大量样本数据的要求，虽说是障碍，但也是深度学习算法的一个巨大优势，因为只要增大数据量就可以提高算法精度，这是传统机器学习算法做不到的。因此，对拥有大量样本数据的公司来说，因其已经积累了多年的数据，很容易形成行业壁垒，其他公司，即使是大公司也很难进入与其竞争。

目前，AI 有以下三个发展趋势。

（1）AI 产品化（AI in Production）。AI 从一门科学转变成一个系统或产品，换一句话说，AI 需要产品化，也必将产品化。随着机器学习和深度学习算法的不断成熟，需要将 AI 打造成产品和系统，并在各个领域寻找杀手段应用（Killer Applications）。但是深度学习仍然面临着很大挑战，需要强大的计算能力（大量 CPU、GPU、FPGA/ASIC 的混合计算能力，以及分布式计算能力），需要大量样本和数据，甚至需要大量人工来制作样本（以传递知识给机器）。Google 的首席科学家杰夫·迪恩（Jeaf Dean）最近召集了一个会议——SysML（System and Machine Learning），重点是试图寻找计算系统和机器学习的结合点，找到机器学习系统的最佳实现方式，并开发新的机器学习算法。这个会议的第一个受邀演讲，介绍了如何通过编译器技术，将机器学习算法的算子编译到不同的后端（CPU、GPU、FPGA 等）上高效执行。这是区别于设计专有硬件的一个系统性方法，这个方法具备更好的灵活性，因此备受关注。

（2）全民 AI（AI for everyone）。机器学习工具需要更加易用化，让更多普通人能够使用。目前的一个重要趋势是使用深度学习技术来提升 AI 工具的智能化程度，包括自动建模、自动寻找最优参数、特征工程半自动化等，使整个机器的学习过程更加智能化/自动化。现在所有的机器学习工具厂商都开始往这个方向努力，例如，DataRobot 一直在宣传自动建模（Auto-Modeling）的优势，Google 发布的 AutoML 让普通人也可以用这个工具来创建与计算机视觉相关的应用。

（3）无处不在的 AI（AI in everywhere）。AI 算法虽然是核心，但也只是整个系统的一部分，它本身不能形成独立的产品，更多的是需要将算法应用到各个应用领域中，赋能各个行业，以发挥算法的价值。目前，各个行业、领域，都在积极地尝试利用 AI 来赋能已有的产品或应用，以提高现有产品或服务的智能化水平。自动驾驶就是一个典型的使用 AI 提升汽车智能水平的例子。

8.3　云计算与大数据、人工智能的关系

技术前进的步伐永远不会停歇。从数年前诞生的具有颠覆意义的云计算，到后来无人

不谈的大数据，再到最近热门的人工智能，创新且具有革命性意义的技术一浪接一浪地推动着 ICT 产业乃至整个社会迈向数字化、智能化时代。然而，不同于移动通信技术的替代性演进，云计算、大数据和人工智能之间并不是"谁取代谁"的竞争关系，而是"谁成就谁"的辅佐关系。云计算、大数据和人工智能，如同长江后浪推前浪一般涌现，"后浪"会在"前浪"的带领下走向成熟，它们之间的关系如图 8-8 所示。

图 8-8　云计算、大数据与人工智能

2006 年是云计算元年，第一个十年的主要成果是打造了基础设施和规模化的服务，又被称为 Cloud 1.0，从 IaaS、PaaS、SaaS，到容器 DaaS、FaaS 等。经历近十年的产业化，全球云计算的市场规模已超过 2000 亿美元，中国云计算市场规模达到 112 亿美元。

现在的 Cloud 2.0 是 ABC（AI+BigData+Cloud）的融合，是智能云和边缘计算等技术的融合，这个融合将为产业带来质变。ABC 三位一体融合正在逐渐改变商业模式，并深入影响每一个行业。它不仅会改造工业、能源、金融等传统行业，还会创造出智能家居、无人车、机器人等新品类。ABC 催生出更多的场景、更多的数据、更好的算法和更强的计算能力，让更多的产业进入创新循环阶段，并且创新速度会越来越快。

大数据事实上从属于云计算，是云计算的应用。没有云计算，大数据就是空中楼阁。2011 年，大数据出现在 Gartner 的新型技术成熟度曲线中第一阶段的技术触发期；2013 年，当云计算进入泡沫幻灭期之后，大数据才步入了期望膨胀期；2014 年，大数据迅速进入了泡沫幻灭期，并开始与云计算齐头并进。今天，我们已经很难将大数据与云计算割裂开来，大数据需要云计算的支撑，云计算为大数据提供不可或缺的平台。但值得注意的是，大数据也成就了云计算，没有了大数据的云计算将会成为无的放矢。

8.3.1　云计算与大数据的融合

规模日益巨大的数据以及数量逐渐众多的用户，迫使越来越多的服务必须由处理节点分布在不同机器上的数据中心提供。在笔记本电脑上执行程序时，我们需要为每个程序指定执行 CPU，指定可用的内存或缓存，操作系统则在底层进行复杂的资源管理任务。同样地，数据中心在提供服务时，也会涉及资源分配与管理问题。以前这些服务基本依靠人力实现，但是人工的速度很缓慢且不可靠，往往成为快速开发与快速应用部署的瓶颈。因此，为数据中心开发出高效可靠的操作系统——Data Center Operation System（DCOS）必定是未来的发展趋势。

与传统操作系统类似，DCOS 从上至下应该具有三层结构（见图 8-9）：上层的平台服务，中间层的操作系统内置服务，底层的操作系统内核。

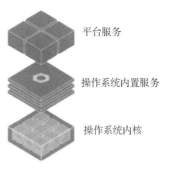

图 8-9　DCOS 的层次结构

平台服务负责按照需求动态地创建分布式服务（如 HDFS、HBase 等），部署传统应用；

操作系统内置服务提供 DCOS 的必备功能，例如，集群扩容减配、服务发现、流量计费等；

操作系统内核负责管理存储器、文件、外设和资源，便于创建和部署容器、虚拟机或集群等物理资源。

近年来云计算的不断发展带动 DCOS 逐渐走向成熟。对容器概念的定义解决了在虚拟机中运行 Hadoop 集群的 I/O 瓶颈，随后出现的 Docker 技术简化了容器的应用部署。而 Kubernetes 更是方便了分布式集群应用在容器上的部署，并且，它还提供了基础分布式服务。同期诞生的 Mesosphere 则可以同时满足传统应用和大数据应用的快速部署和基础服务的需求。

借助这些技术，目前涌现了很多 DCOS 的实现方案，主要有两种流派。一种是让 Hadoop 的应用可以在 Mesosphere 资源框架上运行。但是，这个方案有两个弱点：一是通用性差，所有的大数据和数据库的框架都需要定制和改造，无法标准化；二是隔离性太弱。另一种是使用 Kubernetes + Docker 的方式，使所有应用容器化，由 Kubernetes 提供资源调度和多租户管理，因此更加标准化，便于统一化部署和运维。关于数据中心操作系统、容器技术等，在前面的章节中已经有过详细的介绍，在此不再赘述。

8.3.2　云计算与人工智能的融合

AI 的兴起，是云计算、大数据演进和成熟的必然结果。AI 的核心不仅仅是算法，更是学习，尤其是在大数据环境下充分发挥大数据碎片化认知的优势，降低认知难度，最终实现"数据有价值"的人工智能。做个形象的比喻，如果说云计算是大数据的土壤，那么大数据就是 AI 生长所需要的水分和肥料，而 AI 就是最终在云计算和大数据的呵护下盛开的花朵。AI 作为一个交叉学科始于 20 世纪 50 年代，除了离不开计算机、模式识别技术外，还涉及复杂的脑科学、认知科学乃至哲学等诸多领域，但它自诞生后一直处于缓慢前行的状态，直到遇见了云计算和大数据才出现了质的飞跃。

目前，AI 产业已经迎来了发展的黄金时代。一方面，AI 产业前行的技术驱动力十分强劲，例如，并行化处理技术、大规模数据收集与存储技术等日渐成熟且易用；另一方面，产业生态链不断完善。伴随"GPU 深度学习"在 2011 年到 2012 年引爆 AI 的应用和场景，国内外的产业巨头也开始布局 AI 领域，全力储备 AI 人才和团队，从而有效地加快了 AI 产业化进程。

伴随着彼此间的相互作用与影响，注定要创造出新世界的"ABC 三剑客"，彼此之间的分工变得越来越明确，各自扮演的角色也越来越专业。云计算聚焦在 IT 基础设施上，负责搭建起资源能够动态调配的"哪里需要到哪里去"的新型舞台；大数据关注计算能力和存储能力的提升，负责让演出能够以更低的成本和更高的效率去完成；AI 则是舞台上的表演者，最终呈献给人们精彩的节目——更高级、更智能化的应用。可以预见的是，在云计算和大数据的有力支撑下，AI 的未来必然是一场光彩夺目的大戏，值得人们期待；而云计算和大数据则会老当益壮，在万物互联的时代持久地散发独特的魅力。

人工智能是依靠海量数据归纳学习而产生的，而海量数据的处理离不开云计算。早年的冯·诺依曼体系的串行结构使计算机无法满足人工智能对硬件的要求，而近年来云计算具备的大规模并行和分布式计算能力至少部分解决了这个问题，使人工智能往前迈进了一大步。

在云计算环境下，所有的计算资源都能够动态地从硬件基础架构上增减，通过弹性扩展伸缩适应工作任务的需求。云计算基础架构的本质是通过整合和共享动态的硬件设备供应来实现 IT 投资的利用率最大化，这就使使用云计算的单位成本大大降低，同时也非常有利于人工智能的商业化运营。

另外，特别值得指出的是，近年来基于 GPU（图形处理器）的云计算异军突起，以远超 CPU 的并行计算能力获得业界瞩目。现在不仅 Google、Netflix 用 GPU 来搭建人工智能的神经网络，Facebook、Amazon、Salesforce 也都拥有了基于 GPU 的云计算能力，国内的科大讯飞也采用 GPU 集群支持语音识别技术。

GPU 的这一优势被发现后，迅速承载起比之前的图形处理更为重要的使命：被用于人工智能的神经网络，使神经网络能容纳上亿个节点间的连接。传统的 CPU 集群需要数周才能计算出拥有 1 亿个节点的神经网络的级联可能性，而一个 GPU 集群在一天内就可完成同一任务，效率得到了极大的提升。另外，随着 GPU 大规模生产带来的价格下降，使其更能得到广泛的商业化应用。

因此，之前的云计算和移动互联网的结合只是云计算的起步阶段，就好比一个人有了手和脚以及对外界有了触觉和感应，下一步一定是脑和手脚的结合，也就是云计算和 AI 的结合。

微软、Google 已经开始在这方面努力。Google 将允许其云平台上的用户使用它的两款人工智能软件：一款可以提取文本内容的含义，另一款可以将语音内容转化成文本。两款程序都使用了"机器学习"。微软目前提供超过 20 项这样的"认知服务"，如分析图像服务，又被称为计算机视觉和语言的理解能力。类似选择的云交付服务变得越来越多。

国内外的云计算基础设施也会随着企业客户对云计算加 AI 的需求变化，开始在服务形态和技术架构方面有所调整，以推出更多 AI 的功能模块。到那时，云计算的行业生态将会再度变化，它真正的潜力也会爆发出来。

参 考 文 献

[1] 万川梅. 云计算与云应用[M]. 北京：电子工业出版社，2014.

[2] 韩燕波. 云计算导论[M]. 北京：电子工业出版社，2015.

[3] 刘鹏. 云计算[M]. 北京：电子工业出版社，2010.

[4] 孙永林. 云计算技术与应用[M]. 北京：电子工业出版社，2019.

[5] 王伟. 云计算原理与实践[M]. 北京：人民邮电出版社，2018.

[6] 武志学. 云计算导论[M]. 北京：人民邮电出版社，2016.

反侵权盗版声明

电子工业出版社依法对本作品享有专有出版权。任何未经权利人书面许可，复制、销售或通过信息网络传播本作品的行为；歪曲、篡改、剽窃本作品的行为，均违反《中华人民共和国著作权法》，其行为人应承担相应的民事责任和行政责任，构成犯罪的，将被依法追究刑事责任。

为了维护市场秩序，保护权利人的合法权益，我社将依法查处和打击侵权盗版的单位和个人。欢迎社会各界人士积极举报侵权盗版行为，本社将奖励举报有功人员，并保证举报人的信息不被泄露。

举报电话：（010）88254396；（010）88258888
传　　真：（010）88254397
E-mail：　　dbqq@phei.com.cn
通信地址：北京市海淀区万寿路 173 信箱
　　　　　电子工业出版社总编办公室
邮　　编：100036